不剩食的美味魔法

的

美味魔法

食材保存變化與不浪費省錢料理

Contents

Part4 不剩食做超人早餐與點心

作 者 序

　　你有多久沒整理冰箱了？雖然冰箱是食物保鮮的方便發明產物，但也因為有了這樣的空間，大家已習慣把任何食材、食物全塞入冰箱，以為是為食物穿上保護衣，但真的是這樣嗎？冰箱之所以有延長食物保存期限的效果，是因為處於低溫環境，能抑制微生物活性，避免細菌在短時間內快速生長繁殖；然而，因為方便產生的囤物壞習慣，讓冰箱裡堆了各式各樣生熟食，加上不適當的保存方式、常開關冰箱使其溫變，都容易讓食物變質、腐敗，無形中讓本來好用的冰箱成了巨大的細菌培養皿…，深刻影響著家人們食的安全與健康。

　　除了過度依賴儲物於冰箱之外，買太多、煮太多、放太久、不知食材怎麼收納管理也是常見的狀況，導致食物總是吃不完或煮不完而剩下，讓冰箱成了大型廚餘箱，想想這些是要吃進肚子的東西呢，其實很可怕。

　　從冰箱開始，好好照顧你與家人的健康吧！如果我們能有效地運用食材保存術，了解如何完整利用食材，冰箱裡就不易有「剩食」，有方法地簡單煮和變化，不只能省下大筆家庭支出預算和前置準備時間，更是一種環保概念、從此向食物浪費說不，同時終結冰箱是廚餘製造機的宿命！

　　此外，會產生「剩食」的原因，不僅是吃不完的食物，還有未烹煮或食用前就被拋棄的食材，像是削下的蔬菜果皮、有點醜醜的蔬果、過熟但尚未腐壞且仍可食用的蔬果…等，別浪費，這些都有再生的可能，只要懂得烹調手法，就能成為美味的省錢料理，跟著本書一起打造不剩食、輕鬆煮、聰明吃的生活吧！

糖果廚房 Chef Bonbon
莊雅閔

嘗試將蔬果全利用、讓食材再生、變化前一餐料理吧…

蔬果邊角與果皮

有點醜醜的蔬果

>>>>

↓ 變身新一道菜色

↓ 攪攪就完成的點心

>>>>

用點巧思省錢上菜，
抹醬濃湯、常備菜與料理都能做

Before

你　的　冰　箱
常 剩 下 什 麼 呢 ？

你家的冰箱像魔窟嗎？你記得冰箱裡還留存哪
些東西嗎？我們常習慣將吃不完、用不完的食
材食物一股腦兒的往冰箱塞，有隔夜菜、沒煮
完的蔬菜、剩一半的牛奶、快過期的調味品…
等。跟著本書，讓我們更有效率地、好好地對
待每項食材，嘗試「不剩食的生活」！

Before

你的冰箱常剩下什麼呢？

part 1

佐麵包的七彩濃湯與抹醬

part 2

用蔬果邊角做常備料理

part 3

用昨天晚餐做超時間料理

part 4

不剩食做超人早餐與點心

維持鮮度！料理老師的剩食材保存訣

為了不讓冰箱走向魔窟的末路，首先得了解冰箱裡還有哪些食材，或有哪些食材是自己買來之後常剩下的種類，依據屬性的不同，找出處理對策，就不那麼容易有剩食材囉！

我們一般在傳統市場或超市買的生鮮蔬菜通常沒有標示保存期限，為了讓它們都在最新鮮的賞味期限內被烹煮食用完畢，善用冷藏、冷凍、預煮、曬乾、醃漬…等保存方法，除了增加烹調的變化性，還能縮小食材體積做分裝，同時拉長食材保存期限。

本書的剩食材包含了「生鮮食材」與「前一餐剩的料理」，在生鮮食材方面，利用預煮或分裝，再放冰箱冷藏或冷凍，就能大大節省每餐料理的前置作業、而縮短料理的時間，不用擔心常常買一項食材卻不知如何用完的狀況；而針對前一餐剩的料理，則精選出一般家庭常有的剩食菜色，賦予它們新的料理想像，與別的食材組合成另一道美味。

Before
你的冰箱常剩下什麼呢？

part
1
佐麵包的七彩濃湯與抹醬

part
2
用蔬果邊角做常備料理

part
3
用昨天晚餐做超時間料理

part
4
不剩食做超人早餐與點心

蔬菜水果

蔬菜水果特別佔冰箱空間，大部分人習慣採買食材回家後，就連塑膠袋一起放入冰箱裡，但不是所有的蔬菜水果都能放在一起的，這是因為某些水果在成熟過程中會釋放一種「乙烯」的氣體，會加速水果的成熟和老化，例如：蘋果、香蕉、哈密瓜、木瓜、桃子、番茄…等，若與十字花科蔬菜（例如：大白菜、小白菜、甘藍、高麗菜、花椰菜、青江菜、芥藍等）及綠色葉菜放在一起，會讓它們的葉片提早變黃，所以這些水果要和葉菜類分開擺放。

大部分的水果因為未經包裝，如果放在冰箱過久，容易流失水分，出現皺縮、枯乾的情形，例如：芭樂、蘋果、葡萄、水梨…等，建議應以紙張包覆著，再放入保鮮袋內，以減少水分流失，並讓袋口稍微透氣，就能維持較佳的保存效果。

葉菜類的部分，如果不小心放到枯萎或可能快要壞了的蔬菜，只要沒有腐敗發臭，就用冰水泡15-20分鐘，能讓綠色葉菜、香草、蘿蔔…等再次復活；或是趁新鮮打製成醬或蔬菜泥，在料理時就能直接做使用。

蔬菜

依據蔬菜類別的不同，保存方式也略有不同！比方，需有潮濕環境才能保存更久的蔬菜，也有需要和水一起存放的蔬菜，還有得隔絕水分才能保存的蔬菜…等，不能全放進塑膠袋中塞冰箱。

長型的蔬菜買回家以後，第一步驟先拿掉橡皮筋或綁繩，以免壓傷蔬菜。像是小黃瓜、蘆筍、蔥、大白菜、菠菜…等直長形的蔬菜，要以「直立」的方式保存，目的是模擬蔬菜原本的生長狀態，不僅不佔冰箱空間也能保存較久。

而富含水分的葉菜類，買回來後不要先沖水洗，也不宜切開存放，以免營養容易快速流失與氧化，易造成變質腐爛。正確的方式是，只需將外層爛掉部位剁掉，再用無油墨的紙或廚房紙巾包覆，藉此吸走蔬菜本身的濕氣，再裝入保鮮袋內或用保鮮膜包裹，以隔絕外部水氣。

菠菜

適用保存法 冷藏／冷凍

新鮮的菠菜根部是漂亮的紫紅色，靠近根部1cm處是菠菜營養最豐富的地方，因此建議處理菠菜時，可切下根部並洗乾淨，先下鍋一起拌炒。買回家的菠菜或剩的新鮮菠菜，請以廚房紙巾包好，再套上塑膠袋，以直立方式放冰箱的蔬果室中冷藏，橫放易使葉片損傷。

如果是分切後的葉菜，建議直接放保鮮袋密封冷凍，可存放達1個月。唯要注意的是，直接冷凍的葉菜只適合燉煮、打醬；如果想要維持清脆口感至下次烹調時，建議用鹽水鍋先稍微汆燙，撈出後捏乾水分再冷凍保存，就能讓蔬菜被直接冷凍而造成的細胞組織破壞降到最低。

高麗菜

適用保存法 冷藏／冷凍／乾燥／醃漬

高麗菜是家庭餐桌上常見的蔬菜，不論清炒、涼拌、醃漬、曬乾各有風味，而且富含多種養分與維生素。建議將買回來的高麗菜菜芯先挖除，再塞入用開水噴濕的廚房紙巾，然後用保鮮膜包起來，讓菜芯的部分朝下冷藏保存，使用時一片片拔取才會新鮮。

如果有多一點的時間，則可汆燙高麗菜後捏乾水分後放保鮮袋，進冰箱冷凍保存；或是將新鮮葉片手撕成適當大小，用鹽巴稍微抓醃放保鮮袋冷藏，可當餃子內餡或涼拌使用，或抓醃後直接曬乾保存。

芹菜

適用保存法 冷藏／冷凍

時常被當成佐料使用的芹菜，它不只鈣、鉀離子含量豐富，適度食用更有利降血壓、可保護心血管、強健骨骼。可惜一般人對芹菜的印象都是吃梗不吃葉，與芹菜梗相比，芹菜葉的營養價值一點都不遜色呢，但帶葉的芹菜容易從葉面處流失養分，所以要把葉子與菜莖分開，各別以保鮮膜包覆放冰箱冷藏保存，而莖部則可切末後裝入保鮮袋，放冷凍保存。

萵苣

萵苣是春季和初夏常見的蔬菜，氣味清爽，生熟食皆宜。欲直接保存時，建議將菜芯朝下、以免葉片損傷，要使用於烹調時，用手撕開可以預防切面變色喔！如果萵苣用不完，將廚房紙巾沾濕再塞入萵苣菜芯部位，放保鮮袋中密封保存，可冷藏6-7天或冷凍3-4週（冷凍後就不適合生吃，只適合烹煮）。如果撕塊放入裝水容器的話，可冷藏4天。

白菜

秋冬盛產的大白菜，價格相當平實，大白菜層層包裹的葉片也相當耐保存。建議用紙張包起來，放常溫陰涼處可保存2-3週；而切過的大白菜需用保鮮膜包裹，再放蔬果冷藏室，約能保存1週。

由於白菜採收後，菜芯仍會持續生長，建議先用菜刀在菜芯的部分縱向劃上數公分的切口，再用保鮮膜包裹放冰箱冷藏，便能防止菜芯吸收菜葉的養分，這樣一來可保存更久，且能讓菜葉保持住水分；如果是未用完的大白菜，可先用鹽水鍋稍微汆燙，撈出捏乾水分後，裝入保鮮袋再放冰箱冷凍保存。

番茄

如果買回來的是青番茄，可放常溫下保存、自然催熟，使其慢慢變紅。而成熟後的番茄容易受凍，建議蒂頭朝下擺放在袋中再放冷藏，比較不易損傷。

如果將整顆番茄放冷凍，下次要烹煮時會變得更甜，適合拌炒燉煮；沒使用完的番茄就打成泥狀，倒入製冰盒中放冷凍保存。

Before
你的冰箱常剩下什麼呢？

part
1
佐麵包的七彩濃湯與抹醬

part
2
用蔬果邊角俏常備料理

part
3
用昨天晚餐做超時間料理

part
4
不剩食做超人早餐與點心

青椒或彩椒

適用保存法 冷藏／冷凍

青椒的苦味來自於白色的囊狀組織，可先去除蒂頭和種籽，再裝入保鮮袋中放冰箱冷藏3-4天；如果怕放太久而脫水，原本光滑外表會出現皺摺的話，就先汆燙過再裝入保鮮袋，冷凍保存可維持青椒鮮豔的顏色，也能縮短烹飪時間。而彩椒類的苦味雖不明顯，但也可先去除蒂頭和種籽；用不完的彩椒就用保鮮膜包覆再放冷藏保存。

茄子

適用保存法 冷藏／冷凍

茄子所含的多種營養素大多藏在紫色表皮中，一般保存的話，先去掉蒂頭，包覆保鮮膜後放冷藏1週。如果是切塊烹調剩下的茄子，則放入清水中加少許檸檬汁或醋浸泡5-10分鐘，可防止果肉變色，再用廚房紙巾把茄子擦乾，裝入保鮮袋放冰箱冷凍保存，下次不需解凍就能直接料理。若是切片茄子的話，用鹽抓醃後裝入保鮮袋密封，可放冷藏3-4天、冷凍3-4週。

小黃瓜

適用保存法 室溫／冷藏／冷凍

一般保存小黃瓜，先洗淨後擦乾表面水分，用紙張或保鮮膜包裹住，讓蒂頭朝上、直立冷藏放置蔬果室。

若是用剩下的小黃瓜，則放入滾水鍋中快速汆燙，撈起後以冰水做冰鎮，再瀝乾水分、裝入保鮮袋中放冷藏，就能保持爽脆口感和翠綠色澤；亦可將小黃瓜切片，以鹽巴後搓揉醃漬，再把多餘水分擦掉，裝入保鮮袋放冷凍，料理前再移至冷藏室解凍即可。

☑ **綠花椰菜**

綠花椰菜的鐵質含量是蔬菜之冠，也富含維他命A，能提高黏膜的抵抗力、防止感冒與細胞感染。綠花椰菜莖為最營養的部分，所以做菜時別把菜莖切掉，否則等於把最營養的地方丟掉了。

用不完的綠花椰菜切成適當大小，汆燙後撈出瀝乾水分，裝入保鮮袋中，放冰箱冷藏4-5天、冷凍3-4週；而汆燙後的水和細末可倒入製冰盒，煮麵或煮湯時可以取適量加人使用。

☑ **秋葵**

用不完的秋葵，先以鹽巴去除絨毛，再擦乾水分，裝入保鮮袋中放冷藏。如果想要冷凍保存，需先快速汆燙約30秒，撈起後擦乾水分，確實冷卻後再放保鮮袋密封冷凍；冷凍後的秋葵不需退冰，可直接料理。亦可把汆燙後的秋葵切片或切末，完全冷卻後平鋪在保鮮袋內，放冰箱冷凍，用來提味、佐料都很方便。

☑ **菇類**

高纖維低熱量的菇類，比一般蔬菜含有更高的蛋白質，尤其含有多量的穀胺酸和寡糖。新鮮菇類千萬不能水洗，以免吸水而流失風味，吃不完的菇類裝保鮮盒放冰箱保存，底部先墊一層廚房紙巾後放菇類，上面再蓋一張紙巾，可防止水分蒸發。若是水煮做成油漬菇的話，可放1週；或是切片曬乾，再放保鮮袋放冷凍保存。

☑ **豆芽菜**

一般建議將豆芽菜倒入裝水容器中，每天換水，可冷藏5天；整袋連包裝則可直接放冷凍2-3週。同樣要浸泡於水裡保存的還有韭菜，可先切成能夠放進保鮮盒中的長度大小，再倒入清水，使其能完全浸於水中保存。

Before
你的冰箱常剩下什麼呢？

part
1
佐麵包的七彩濃湯與抹醬

part
2
用蔬果邊角做常備料理

part
3
用昨天晚餐做趕時間料理

part
4
不剩食做超人早餐與點心

水果

關於水果的保存，先有個觀念，將水果分為「已熟」和「後熟」兩種。已熟水果像是蘋果、水梨或柑橘，若直接放室溫下，易有過熟現象，建議改用保鮮膜密封後放冷藏保存，以延長賞味期限。

至於後熟水果像是香蕉、奇異果、甜柿、甜桃、楊桃、釋迦、木瓜…等，它們需要置於室溫幾日才會逐漸熟成，若直接冷藏會不利於熟成，而且會破壞水果組織並容易流失水分。建議放室溫下、陰涼通風處先催熟（但不能放過熟，以免發霉），待熟成後才冷藏，可放5-7天。

吃不完的水果要善用冷凍的方式，趁新鮮將其打成果汁或製成不同口味的冰沙，或將盛產水果做成果醬、或直接烘乾成蔬果片放冷凍保存。

☑ 蘋果

適用保存法 室溫／冷藏／冷凍

雖然可常溫保存，但本身會產生乙烯，會加速熟成而導致不耐久放，如果買了太多蘋果用不完，建議用保鮮膜包裹，可冷藏1個月。若是已切開的蘋果，可將蘋果蒸熟後打成泥，倒入製冰盒中製成冰磚，用來入菜做離乳食或煮果醬使用。

檸檬

適用保存法 冷藏／冷凍／乾燥／醃漬

用不完整顆檸檬時，可擠出檸檬汁並倒入製冰盒，做成調味用的檸檬冰塊。或是切成片，與蜂蜜或冰糖做成漬檸片，可調製飲料；又或者切片烘乾，裝入保鮮袋或玻璃罐中放冷藏保存；用不完的檸檬皮刨成末，與砂糖混合，放冰箱冷凍保存，能使其不變色，做甜點時做裝飾用或加入麵糊中增加香味。

香蕉

適用保存法 室溫／冷藏／冷凍

依據買回來的香蕉，依外皮顏色做不同階段的保存，才能確實維持鮮度。未熟的綠香蕉，不能放冰箱冷藏，需放置室溫下進行後熟；若香蕉外皮為亮黃色，用保鮮膜包裹好香蕉莖的部位，於室溫下能保存2-3天，這是因為香蕉會釋放乙烯而加速水果熟化，故將香蕉一根一根連蒂頭分開放，就不會互相催熟，裝入紙袋後放冰箱冷藏。

冷藏後的香蕉皮會變黑屬正常現象，只要果肉還沒黑掉就可以吃，或將香蕉剝皮，整根或切片放保鮮袋或盒中，直接冷凍成香蕉冰棒吃。

葡萄

適用保存法 冷藏／冷凍

葡萄是嬌嫩脆弱的水果，特別建議不要碰到水，否則容易腐敗；可連同紙盒或紙張包覆以避免失水，置於蔬果室冷藏，約可保存1-2週。吃不完的葡萄，可用剪刀剪下果梗連接處，注意別用拔的或剪破果皮，否則葡萄容易腐爛，裝入保鮮袋中，放冷凍可保存1個月，之後打冰沙使用。

Before
你的冰箱常剩下什麼呢？

part
1
佐麵包的七彩濃湯與抹醬

part
2
用蔬果邊角做常備料理

part
3
用昨天晚餐做趣時間料理

part
4
不剩食做超人早餐與點心

根莖類食材包含馬鈴薯、地瓜、南瓜、芋頭、牛蒡…等，不用清洗，直接帶土擺放在涼爽、通風、乾燥的室溫環境下，避免黴菌及黃麴毒素的生長；如果是高溫的夏天裡，建議置於冰箱底層保存。

一般來說，地瓜儲存過久易導致發芽，水分及營養價值都會降低，但仍然是可食用的；唯要特別注意的是馬鈴薯，如果儲存不當，會發芽而產生有毒生物鹼就不可食用。經過乾燥後的根莖類，有助濃縮風味。

如果是紅白蘿蔔、甜菜根、大頭菜這類帶葉的根莖類食材，先切除頂端綠葉，因為葉子容易吸走水分，導致根部口感軟塌且香氣流失；切下的葉子另以保鮮袋或網袋保存，拿來煎蛋、快炒、醃菜都很好用。

地瓜

適用保存法 室溫／冷藏／冷凍

高纖、高營養的地瓜烹調方式多元，買回來後，不需先清洗，直接以乾淨的紙類包裹並裝進深色袋子後，等要吃前再刷洗即可。如果是用不完的地瓜，洗淨去皮後，切成適當大小，泡鹽水以防止氧化變黑；濾掉水分後，置入保鮮袋或盒中放冷凍保存，料理時可節省許多時間，又不失口感；或將表皮刷洗乾淨後，整條放鍋中蒸熟，一樣冷凍保存，解凍後可直接吃或加熱再吃。

南瓜

適用保存法 室溫／冷藏／冷凍／乾燥

南瓜是很常見、難以當餐全部烹調完的根莖類之一，而且容易由內部腐壞變質，而切口處也易氧化或失水。建議將用不完的南瓜先去籽，以保鮮膜包裹，避免接觸空氣，放冷藏保存5-6天；或切成適當大小，裝入保鮮袋中並平鋪，可冷藏3-4天或冷凍1個月，或以電鍋蒸熟後壓泥，可冷藏4-5天或冷凍3-4週。若家中有果乾機，亦可烘乾或日曬至無水分保存，取適量和其他食材一起烹煮即可。

馬鈴薯

適用保存法 室溫／冷凍

最害怕濕氣的馬鈴薯，很容易發芽且產生毒素，建議於室溫下的陰涼通風處保存。保存時，可放一顆蘋果，以延緩馬鈴薯發芽的時間，不建議直接放冷藏，因為溫度易讓馬鈴薯的澱粉變質，而喪失鬆軟口感。將吃不完的馬鈴薯切成適當大小，放入醋水中浸泡，先洗掉表面殘留的澱粉液，再擦乾表面水分，裝入保鮮袋密封，以冷凍方式保存；或蒸熟趁熱壓成泥，冷卻後分裝於保鮮袋或保鮮盒，放冰箱冷凍，解凍後用來做可樂餅、沙拉。

Before
你的冰箱常剩下什麼呢？

part
1
佐麵包的七彩濃湯與抹醬

part
2
用蔬果邊角做常備料理

part
3
用昨天煮餐做趕時間料理

part
4
不剩食做超人早餐與點心

☑ 白蘿蔔

適用保存法 室溫／冷藏／冷凍／醃漬

一般帶皮的保存法是，將用剩的白蘿蔔蒂頭切掉，用廚房紙巾包住外圍，並以切面朝下放置於蔬果室。通常，接近白蘿蔔葉子的部位最甘甜，愈往下則辛辣度越強，所以做沙拉時建議使用上方部位；而中段較柔軟，適合拿來燉煮；較辛辣的尾端當成佐料。用不完的白蘿蔔先水煮至熟，瀝乾水分放保鮮袋冷凍，或磨成泥倒入製冰盒冷凍保存，而葉梗部分洗淨切末，以鹽巴抓醃，可冷藏保存5天。

☑ 胡蘿蔔

適用保存法 室溫／冷藏／冷凍

胡蘿蔔越靠近表皮的部位，其營養價值越高、味道也更濃郁，其實不需削皮，只要充分刷淨表皮即可直接烹煮。用不完的胡蘿蔔請保持乾燥，切除蒂頭後整根密封冷藏；或切成適當大小，裝入保鮮袋放冷藏2週或冷凍保存2個月內吃完。而蘿蔔葉可用於沙拉、濃湯等料理中，增加營養與配色，將葉子洗淨、瀝乾後，用微波爐或烤箱稍微加熱，做成乾燥蘿蔔葉，用手即可剝開，裝入保鮮袋中放冷凍，可保存半年左右。

☑ 洋蔥

適用保存法 室溫／冷藏／冷凍

洋蔥素有「蔬菜界的皇后」的封號，冷藏過的洋蔥亦能抑制硫化物的飄散，而烹煮後會揮發硫化物，因此煮湯會清香甘甜。一般整顆保存的話，只要置於陰涼處、保持乾燥通風，使它不長芽即可；或切成適當大小，裝入保鮮裝放冰箱冷凍保存，這樣滷肉時就能派上用場，能增加自然甜味、減少調味料的使用。如果比較有時間，可先把切碎的洋蔥炒成焦糖洋蔥，塑形成小球，同樣冷凍保存，可用來煮湯、燉肉或製作醬料…等，料理味道會很香甜。

牛蒡

適用保存法 室溫／冷藏／冷凍／乾燥

還沒有要料理的牛蒡，需以乾燥、帶土
的狀態保存，用報紙包覆住，避免水分
流失，放在通風良好的陰涼處，可保存
1個月。由於牛蒡含有大量鐵質，切開
後易氧化發黑，建議切好後放進鹽水或
醋水中稍微浸泡，再做後續烹調，除了
防止發黑還能去除澀味。

另外要注意的是，雖然泡水能讓狀態更好，但營養素易流失於水分中，最好
還是馬上料理，才能吸收到牛蒡完整的營養。針對未使用完的牛蒡，可將削
開的一端沾上鹽巴，再以保鮮膜包起來放冰箱冷藏，避免氧化及水分流失。
如果只剩一小截牛蒡，切片後汆燙並瀝乾水分，以保鮮袋密封，可放冷凍保
存2週。

芋頭

適用保存法 室溫／冷凍

買回來的新鮮芋頭免清洗，直接帶土裝網袋後，置於陰涼乾燥處，約可保
存1週。處理芋頭時，因芋頭黏液含有草酸鈣，接觸到人體皮膚會有發癢
現象，所以削皮前，手和芋頭都要保持乾燥或是戴上手套，不要直接碰觸
芋頭。

芋頭切開後，最好一次使用完，否則容易潰爛或乾掉。如果實在用不完，先
削皮後洗淨，切成料理用的適口大小，分裝在保鮮袋裡，放冰箱冷凍冰存，
最多可保鮮一年。從冷凍庫取出時，不必解凍，直接料理即可；不過解凍後
再煮的芋頭口感會比較差喔，因此還是建議趁新鮮吃完最好。

Before
你的冰箱常剩下什麼呢?

part
1
佐麵包的七彩濃湯與抹醬

part
2
用蔬果邊角做常備料理

part
3
用昨天晚餐做超時間料理

part
4
不剩食做超人早餐與點心

雞蛋與豆、
乳製品

雞蛋、豆製品、乳製品…等都是很需要鮮度的食材,而有時
買回家,又無法立刻一次全用完,得悉心地保存,才能避免
食的不安全。

雞蛋

適用保存法 冷藏/冷凍

於冬季的室內常溫下,雞蛋能放15天左右,而夏季室內常溫下,則為10天左右。存放過程中需注意:鮮蛋與氣味強烈的生薑、洋蔥不能擺在一起,因為蛋殼上有許多小氣孔,生薑、洋蔥的強烈氣味會鑽入氣孔內、加速鮮蛋的變質,時間稍長的話,蛋就會發臭。

若雞蛋不慎裂開或破碎,又無法立即烹煮的話,先盛入容器中打散,加入少許食鹽拌勻,倒入保鮮袋密封放冰箱冷凍,等到需要時再拿出自然解凍即可。

蛋黃

適用保存法 冷藏/冷凍

有時料理或烘焙剩下的蛋黃,經過冷凍後會變得很濃稠,就算解凍也無法再照一般的方式用了,此時可加入蛋黃重量20%的糖混合,放冰箱冷凍保存,但退冰完成後的蛋黃要盡快使用完畢。

蛋白

適用保存法 冷藏／冷凍

烘焙剩下的蛋白，直接倒入製冰盒，放冰箱冷凍保存即可。但建議製冰盒外面要多套一層夾鏈保鮮袋，避免沾染到冰箱裡的異味，同樣的，解凍後的蛋白要盡快使用完畢。

優格

適用保存法 冷藏／冷凍

如果買來的是原味優格，可拌入砂糖或果醬，放冰箱冷凍保存3-4週；需注意，若沒有加糖會產生乳水分離。

牛奶

適用保存法 冷藏／冷凍

新鮮牛奶很容易孳生細菌而腐敗變質，若喝不完，可倒入製冰盒中放冰箱冷凍保存。但冷凍過的牛奶，會自動分層，乳脂會浮在上面，水會沉到下面，喝起來會有一種顆粒狀的感覺，口感可能不如原來的好；如要飲用的話，建議解凍後均質加熱，可直接應用於料理上。

豆製品

適用保存法 冷藏／冷凍

鹽水可保持豆腐嫩度且不易發酸，將用不完的豆腐放入密封盒中，倒入3%的淡鹽水放冷藏，記得每天更換鹽水，約可保存3天左右。

如果是沒用完的豆乾與板豆腐，先以飲用水洗淨，再放入保鮮盒，倒入乾淨的飲用水浸泡，可存放冰箱約1-2天。而豆皮則是裝入保鮮袋中密封，放冷凍保存。

香料、香草、辛香料

香料、香草、辛香料是特別受溫度與濕度影響而保存不易的食材，一般來說，放在陰涼乾燥處是最理想的存放方式，每次「少量購買」、「新鮮為主」是選購的最大原則，辛香料最好只買1週內能用完的份量就好。平常也可將香草曬乾或烘乾來鎖住風味，但還是要保持乾燥，以免和溼氣接觸，以利保存。

大蒜

☑ **適用保存法** 室溫／冷藏／冷凍

一般放置陰涼通風處即可,若整顆發芽的話,會導致蒜瓣外型變乾癟、降低營養價值,但蒜頭及長出的蒜苗仍能食用。雖然放冷藏可抑制發芽,但易凍傷,先用廚房紙巾或紙張包覆較佳。

用不完的蒜瓣,去皮後切片或切末,或壓成蒜泥後再分裝在保鮮袋或盒中,放冰箱冷凍延長保存期;亦可做成料理用的蒜片,先平鋪在烤箱裡,再以低溫150度C慢烤直到水分完全蒸發,即成爽脆的蒜片,收納在乾淨無水分的玻璃罐中。

辣椒

☑ **適用保存法** 冷藏／冷凍／乾燥

未用完的辣椒若下餐立刻會烹煮,可將切口處朝下再插入鹽罐裡,可暫時保鮮。如果是要大量保存辣椒,先用廚房紙巾擦乾水分,分成小包裝,放冷凍可保存1年;如果有時間的話,將辣椒乾燥風乾或日曬或烘烤,直到辣椒完全乾燥為止,再收納進保鮮袋中保存,也是好方法。

和蔥油一樣,油泡辣椒也是很棒的料理油,將辣椒洗淨切段,放入橄欖油中浸泡,靜置最少1週後即可使用,開封後放冷藏,約可保存1年。

Before

你的冰箱常剩下什麼呢？

part 1 佐麵包的七彩濃湯與抹醬

part 2 用蔬果邊角做常備料理

part 3 用昨天晚餐做趕時間料理

part 4 不剩食做超人早餐與點心

☑ **薑**

適用保存法 室溫／冷藏／冷凍

常用的薑分為老薑和生薑。老薑水分含量低，以網袋吊掛存放於通風陰涼處即可；生薑則用廚房紙巾包起，再放入冰箱保存，如此就能避免發芽、也不長黴。如果薑發了芽，只要切除長芽的部分，其他仍可食用；但若是爛掉，則有致癌風險，最好切除或丟棄。

用不完的薑可切片、切絲、磨泥，平鋪分裝在保鮮袋或盒中，放冰箱冷藏保存3天、冷凍1-2個月，做為料理爆香時，立即就能取用。

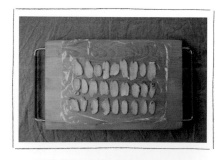 

蔥

適用保存法 冷藏／冷凍

一般來說，一大把蔥不易當餐煮完，可依烹調需求先切成蔥末或蔥段後，根據每次食用份量分裝至保鮮袋，放入密封袋鋪平後放冷凍庫，下次要用時，不必解凍即可直接使用。

如果有一些時間，可把多餘的蔥洗淨瀝乾並切細，備一熱油鍋，直接把蔥泡進油裡，慢慢逼出水分，一直煮到沒有泡泡之後，再用小玻璃瓶裝起來，放涼後放冰箱冷藏，即成調味用的蔥油。

紅蔥頭

適用保存法 室溫／冷凍

紅蔥頭的保存方式較單純，一般以吊掛方式放置於乾燥通風處即可，否則易腐爛或發芽。用不完的紅蔥頭切片或切末，平鋪在保鮮袋中密封，放冷凍保存；或是切薄片後，用中小火油炸至金黃酥脆後撈起，與蔥油一起放涼，再一同或分別裝罐冷藏存放，炸完的蔥油可用於平時炒菜料理。

Before

你的冰箱常剩下什麼呢？

part 1

佐麵包的七彩濃湯與抹醬

part 2

用蔬果邊角做常備料理

part 3

用昨天晚餐做趕時間料理

part 4

不剩食做超人早餐與點心

各種香草

☑

適用保存法 冷藏／乾燥／醃漬

如果希望料理方便，至花市買小盆香草回來養，是最新鮮的，要用多少就能立即摘。對於水分含量較高的香草，例如：羅勒、香菜、薄荷、檸檬葉，以微波爐風乾，放保鮮袋密封保存。

除了乾燥，新鮮香草還有很多保存法，將新鮮香草切碎，放進純水中製成冰塊；或泡入橄欖油中，做成香草油；還可自製香草鹽，以一層鹽、一層香草舖於乾淨無水分的玻璃罐內，特別適用於含水量較高的香草；也能拌入適量奶油，填入製冰盒冷凍保存。

而水分含量低的香草，比如：鼠尾草、百里香、茴香、月桂葉子、牛至、迷迭香，則自然風乾即可，也以保鮮袋密封保存；香茅…等水分含量低又質地較硬的香草，可直接包覆保鮮膜，放冷凍保存。

巴西里

如果是整盆的巴西里，直接放入裝水的杯中再套上保鮮袋，可冷藏10天；若將莖葉分開，以保鮮袋密封的話，可冷凍3-4週。

Before
你的冰箱常剩下什麼呢？

part
1
佐麵包的七彩濃湯與抹醬

part
2
用蔬果邊角做常備料理

part
3
用昨天晚餐做超時間料理

part
4
不剩食做超人早餐與點心

米與雜糧 堅果類

五穀雜糧最好儲放在密封保鮮盒中，避免潮濕、陽光直射、接觸空氣而產生質變，也影響風味；堅果類則特別需要乾燥、密封保存，當食物出現受潮、發霉現象時，容易產生黃麴毒素，應直接丟棄勿食用，以免引發身體不適。

白飯

☑

適用保存法 冷凍

白飯是日常裡很容易剩下的主食，把剩的白飯分成小份量，以保鮮膜或袋包裹好、放冷凍保存，每次要煮粥、炒飯都超便利！冷凍的白飯請於3週左右吃完，因為冰存太久並不好，而且可能又變成剩食囉。

雜糧

☑

適用保存法 冷凍

紅豆、綠豆、黃豆、花生…等雜糧類，都需耗費大量時間烹煮，建議先預煮後再分包放冷凍保存，能節省更多時間。

吐司

☑

適用保存法 冷凍／乾燥

吃不完的吐司可用保鮮膜加密封袋包裹，以免沾染冰箱氣味，放冷凍保存（直接冷藏會變硬）；下餐要吃時，不需解凍可直接進烤箱，烤前噴點水能使其更鬆軟。如果有時間，可切丁烘乾再放入乾淨無水分的玻璃瓶中，放冷藏保存，或用調理機打成麵包粉，烹調時方便使用。

義大利麵

☑

適用保存法 冷凍

以包裝上建議的烹調時間減少煮約1-2分鐘預煮，待麵稍放涼之後，再淋上少許橄欖油拌勻，每份約200g裝入保鮮袋，放冷凍保存，不論是預煮分包或吃不完的白麵皆可用此方式處理。

堅果

☑

適用保存法 冷凍

帶殼堅果會吸收更多溼氣和其它食物的味道，因此要放在乾燥的密封袋中，冷藏或冷凍保存，亦可用調理機打成堅果醬使用。

Before
你的冰箱常剩下什麼呢？

part
1
佐麵包的七彩濃湯與抹醬

part
2
用蔬果邊角做常備料理

part
3
用昨天晚餐做超時間料理

part
4
不剩食做超人早餐與點心

F

魚與海鮮、肉類

魚與海鮮、肉類應適量分裝，再放冷藏或冷凍。若放置冷藏，最好在24小時內食用完畢。當餐用不完的魚片、肉類，可事先簡單調味或預煮再分袋裝，一來拉長保鮮期，二來也多一些料理變化，而且大大節省每餐的烹煮時間。

 魚　　適用保存法 冷凍

一般來說，建議魚片最好當天食用完畢，如果實在很想保存超過一天的話，可用味噌或新鮮香草，稍微醃漬入味，再分包放冷凍保存。

☑ 海鮮

冷凍

海鮮類應在兩天內烹調食用完畢,存放前先去除魚鰓或內臟才行。如果買回後發現新鮮度不是很好,最好當天優先烹調完,因為不新鮮的魚類組織胺含量較多,過量的組織胺常導致人體過敏現象。用不完的蝦子,先去腸泥並擦乾水分,一隻隻裝入保鮮袋鋪平放冷凍,貝類亦如此保存;或是帶殼水煮後瀝乾,一個個排在鋼製托盤上冷凍,再裝入保鮮袋中放冷凍庫。

☑ 肉類

冷凍

肉類有很多種,比方將用不完的絞肉調味,分裝入密封袋;培根或火腿捲起、香腸切片放入托盤冷凍後取出,一片片排入保鮮袋,以上皆放冰箱冷凍保存。

如果有時間的話,絞肉可製成肉丸油炸/水煮後,分裝入袋放冷凍保存;肉片則醃漬或汆燙過,分裝入保鮮袋中,放冷藏3天或冷凍保存1週內盡快吃完。

part
1

佐 麵 包 的
七 彩 濃 湯 與 抹 醬

有時就是不想大費周章地做菜，這時不
妨翻找一下冰箱內未用掉的食材，利用
蔬果來做好簡單的抹醬，或是把蔬菜料
混合，快速煮一鍋營養好湯，製作容易
卻非常豐盛，立刻帶給家人溫暖食物的
滿足感。

Before
你的冰箱常剩下什麼呢？

part
1
佐麵包的七彩濃湯與抹醬

part
2
用蔬果湯為做常備料理

part
3
用昨天晚餐做經時閒料理

part
4
不剩食備超人早餐與點心

剩下的食材其實是佐餐幫手

有時打開冰箱，實在沒有什麼下廚靈感、不知道要做什麼菜，這時不妨來做湯品或抹醬吧！湯品營養豐富且容易消化，重點是不需花費太多時間，就能端出一鍋美味，用冰箱裡剩的蔬果食材，再巧妙融合高湯、搭配食材或天然香料，全部丟進鍋中煮，就能輕鬆做出均衡營養的湯品料理了，就算你沒有什麼烹調經驗，也一定能完成。

而抹醬則是另一種消化冰箱食材的好方法，別以為麵包只能抹奶油、巧克力醬，那就太可惜了！翻找一下冰箱內未用掉的食材，利用蔬果做不同口味的抹醬保存在冰箱裡，想要沾抹麵包時就能派上用場，佐餐相當方便。抹醬作法同樣沒有門檻，只要用果汁機或調理機、手持式調理棒攪打食材就可以完成，能拿來抹各種麵包、吐司當早餐，或是製作臨時填肚子的輕食。

Before
你的冰箱常剩下什麼呢？

part
1
佐麵包的七彩濃湯與抹醬

part
2
用蔬果邊角做常備料理

part
3
用昨天晚餐做早間料理

part
4
不剩食的超人氣餐與點心

剩的食材

番茄

Tomato

紅通通的番茄不管是切來生食或做醬都很好用，為了讓食用口感更佳，建議用點小技巧將皮去除分離，把果肉拿來做醬、果皮則可用來煮蔬菜湯，完全不浪費又能攝取完整營養素。番茄皮約含有98％的黃酮醇，能降低癌症風險及心血管疾病…等，是很值得保留的部分喔。

- point -

這樣處理不浪費！

01	02

01 用刀在番茄底部劃上十字，放入滾水鍋中煮約 30-40 秒取出，浸泡冰水後就可剝掉番茄皮。也可把番茄先冷凍過，要用的時候取出沖水，同樣能輕鬆去皮。

02 除了水煮，火烤法也很好用。將番茄去蒂，用叉子插住番茄，直接放瓦斯爐上烤，番茄皮會自動爆裂開，再去皮即可。

萬用番茄紅醬

| 材料 |

去皮牛番茄3顆

洋蔥1/4顆

大蒜2瓣

番茄膏1大匙

橄欖油2-3大匙

鹽1小匙

砂糖1小匙

黑胡椒適量

義大利香料1大匙

羅勒5g

| 作法 |

1　洋蔥、蒜頭、羅勒切成細末，
　　將去皮番茄放入調理機中打成
　　番茄糊。

2　在平底鍋中放入2-3大匙橄欖
　　油，放入洋蔥末、蒜末炒香，
　　至洋蔥呈半透明狀。

3　倒入番茄糊、番茄膏、羅勒、
　　糖、義大利香料、黑胡椒、
　　鹽，以中小火續煮約10-15分
　　鐘即完成。

Tips

1　加入番茄膏的話，更能提昇紅醬的風味與色澤。

2　取下的番茄皮可以做成調味鹽喔！只要把番茄皮連
　　同鹽送進烤箱，以低溫烘乾，就能保有色澤，之後
　　再磨末並與鹽調和即可。

Before
你的冰箱還剩下什麼呢？

part
1
佐麵包的七彩濃湯與抹醬

part
2
用蔬果邊角做常備料理

part
3
用昨天晚餐做超時間料理

part
4
不剩食做超人早餐與點心

剩的食材

九層塔
Basil

九層塔葉是很容易失水變皺的香料之一，所以如果有剩下過多的九層塔，拿來做青醬最合適！將九層塔和不同堅果一起攪打，再倒入乾淨無水分的玻璃罐收納，放冰箱前，需倒入橄欖油至蓋過青醬表面，以防止氧化。如果想嘗試不同款青醬，可用烤過的松子、花生、腰果、夏威夷果來做喜歡的口味。

- point -

這樣處理不浪費！

01	02

01 在夾鏈袋底部先放一張餐巾紙，再放入九層塔鋪平。

02 再放一層餐巾紙覆蓋，保留空氣並封起，冷藏可保存 3-5 天。

堅果九層塔青醬

| 材料 |

九層塔葉50g

橄欖油150g

核桃30g

大蒜2瓣

起司粉20g

鹽少許

| 作法 |

1 先將核桃放入平底鍋中乾炒至有香氣後盛起，關火。

2 於果汁機或調理機中放入九層塔、大蒜、核桃、橄欖油攪打均勻。

3 加入起司粉與鹽，再次攪打均勻。

4 可直接料理使用，或倒入製冰盒中，放冷凍庫保存。

1 不管用哪種堅果，都先烤香，並放到完全冷卻再使用。如此做出來的醬料，風味會更加深沉焦香。

2 若不喜歡橄欖油的特殊青草味，也能換成芥花油或葡萄籽油替代。

Before

你的冰箱常剩下什麼呢？

part
1
佐麵包的七彩濃湯與抹醬

part
2
用蔬果邊角做常備料理

part
3
用昨天晚餐做超時間料理

part
4
不剩食做超人早餐與點心

剩的食材

洋蔥
Onion

有時買了洋蔥就是一整顆用不完，這時，把剩下的洋蔥拿來做讓料理變濃郁的「焦糖洋蔥」吧！只要把洋蔥炒到出水、軟化，最後脫水、待顏色轉為褐色，洋蔥味道就由淡轉濃，釋出更多香氣和甜分！把「焦糖洋蔥」拿來煮咖哩醬，會使醬料吃來更加香甜，和一般的咖哩醬不太一樣喔。

- point -

這樣處理不浪費！

| 01 | 02 |

01 加熱平底鍋，倒入適量油，將洋蔥炒香至焦糖色關火。

02 將洋蔥末整成小球狀，待涼後放袋或盒中，密封冷凍保存，可放約 1 個月。

綠香蕉洋蔥咖哩醬

| 材料 |

洋蔥1/4顆

綠香蕉2條

薑末5g

蒜末5g

蔬菜高湯適量（見67頁食譜）

咖哩粉3大匙

椰奶50g

橄欖油適量

| 作法 |

1　先將洋蔥切末、綠香蕉去皮也切末，備用。

2　加熱平底鍋，倒入油，放入洋蔥末、薑末、蒜末、香蕉末炒香，可依個人喜好酌量增減香蕉用量。

3　放入咖哩粉拌勻，倒入蔬菜高湯略煮至有香味後，加入椰奶拌勻即完成。

Before
你的冰箱常剩下什麼呢？

part
1
佐麵包的七彩濃湯與抹醬

part
2
用蔬果邊角做常備料理

part
3
用昨天晚餐做趕時間料理

part
4
不剩食做超人早餐與點心

剩的食材

綠花椰菜
Broccoli

每次買綠花椰菜總是得買一大朵，而處理完後的細碎或細末，通常一不留意就會直接丟棄了，別浪費，小小細末可拿來做成營養不減的抹醬、沙拉醬。花椰菜下方的梗莖也不要丟掉囉，拿來熱炒、涼拌、煮湯都很美味！

- *point* -

這樣處理不浪費！

01	02

01 綠花椰菜切成適當大小，或將用不完的細小綠花椰放入加了少許鹽和油的滾水鍋，汆燙後撈出。

02 將綠花椰菜泡入冰水中冰鎮，撈出瀝乾水分。

綠花椰塔塔醬

| 材料 |

燙熟的花椰菜2大匙

美乃滋4大匙

水煮蛋1顆

洋蔥末1大匙

黃芥末醬1小匙

鹽適量

黑胡椒適量

| 作法 |

1 將水煮蛋切成細末，備用。

2 將所有食材放入大碗中混合
均勻即可。

1 也可用冰箱剩的酸黃瓜，切成末取代綠花椰菜。

2 汆燙綠花椰菜時，加入少許的鹽和油，就可燙出翠
綠的顏色。

Before
你的冰箱裡剩下什麼呢？

part
1
佐麵包的七彩濃湯與抹醬

part
2
用蔬果邊角做常備料理

part
3
用昨天晚餐做趕時間料理

part
4
不剩食做超人早餐與點心

剩的食材

火龍果

Pitaya

火龍果是富含果膠的水果，比起其他水果的果醬來得更簡
單易做。鮮豔美麗的紅色火龍果皮千萬不要輕易丟棄，因
為果皮有著比果肉還豐富的花青素，全食物運用一起做成
營養果醬，或是調飲料、當沙拉淋醬使用。

- point -

這樣處理不浪費！

01

02

01 火龍果的果皮也可以吃，表皮刷洗乾淨後，剪下周圍尖角，再
切成細末或小小丁，裝入保鮮袋放冰箱冷藏。

02 用不完的果肉連同果皮一起切成小小丁，放保鮮袋放冰箱，最
多可冷藏 3 天。

帶皮火龍果果醬

| 材料 |

帶皮火龍果700g

冰糖200g

檸檬1顆

| 作法 |

1　將果皮周圍的尖角剪掉。

2　果肉與果皮分開後，分別切成細丁，備用。

3　果肉放入調理機中，打成均勻的泥狀，然後倒入湯鍋中。

4　將果皮丁、冰糖倒入鍋中加熱，擠入檸檬汁，攪拌煮至稠狀。

5　裝入消毒好的果醬瓶中，倒放至常溫。

Before

你的冰箱常剩下什麼呢？

part 1

佐麵包的七彩濃湯與抹醬

part 2

用蔬果邊角做常備料理

part 3

用昨天晚餐輕鬆時間料理

part 4

不剩食做超人早餐與點心

剩的食材

蔬菜碎
vegetables

冰箱內的任何蔬菜都是好用湯料，隨意就能燉出好湯來，特別適合懶得煮但想大量吃進健康蔬菜的你，用一鍋的方式煮製超簡單，還能加飯加麵，或連同細碎的義大麵條放入一同煮，既營養且有飽足感，變化也多多。

- point -

這樣處理不浪費！

| 01 | 02 |

01 在保鮮袋底部放入餐巾紙，將用不完的蔬菜碎放入袋中。

02 蒐集至一定量再使用，可密封冷藏保存 2-3 天。

慢燉義式蔬菜湯

| 材料 |

牛番茄100g   白酒50g

洋蔥50g   水600g

西芹30g   月桂葉1片

高麗菜50g   鹽適量

紅蘿蔔50g   胡椒適量

培根3片

橄欖油適量

| 作法 |

1　加熱平底鍋，倒入適量橄欖油，放入所有切碎的蔬菜、切丁的培根炒香炒軟。

2　加入白酒，燉煮至酒精揮發。

3　倒入水、月桂葉續煮約30分鐘，最後以鹽、胡椒調味後關火。

Before
你的冰箱常剩下什麼呢？

part
1
佐麵包的七彩濃湯與抹醬

part
2
用蔬果邊角做常備料理

part
3
用昨天晚餐做趕時間料理

part
4
不剩食做超人早餐與點心

剩的食材

南瓜
Pumpkin

南瓜也是一餐很難用完的食材…如果剛好剩下南瓜塊和一點點洋蔥，來做快速版南瓜洋蔥濃湯吧！南瓜和洋蔥都是有自然鮮甜的食材，而且連皮帶籽一起煮，就可完整吸收南瓜的全營養素，再搭配麵包就是溫暖美味的輕食。

- point -

這樣處理不浪費！

把當餐料理不完的南瓜先切塊，鋪平在保鮮袋中放冰箱冷凍，這樣每次料理時就能取要用的量。

如果想更節省烹調時間，可將南瓜切薄片保存，或事先蒸熟再放冰箱冷凍，烹煮時間就能更短。

南瓜馬鈴薯濃湯

| 材料 |

南瓜250g

杏仁片10g

洋蔥15g

馬鈴薯2顆

動物鮮奶油適量

蔬菜高湯300g（見67頁食譜）

鹽少許

黑胡椒少許

橄欖油適量

| 作法 |

1　將杏仁片平鋪於烤盤上，進烤箱，以150度C烤10分鐘後取出。

2　南瓜帶皮切片、洋蔥切丁、馬鈴薯去皮切塊，備用。

3　加熱平底鍋，倒入油，放入洋蔥丁先炒軟，再加馬鈴薯塊、南瓜片拌炒。

4　倒入高湯續煮至軟後，以手持式攪拌機打成滑順的泥狀。

5　加入鮮奶油續煮至滾，加鹽調味後關火，撒上杏仁片與黑胡椒即完成。

Before
你的冰箱常剩下什麼呢？

part
1
佐麵包的七彩濃湯與抹醬

part
2
用蔬果邊角做常備料理

part
3
用昨天晚餐做趕時間料理

part
4
不剩食做超人早餐與點心

....
剩的食材
....

胡蘿蔔
Carrot

....

胡蘿蔔是許多家庭常買的食材，但它和許多根莖類一樣，有時一餐做料理用不完。我們把剩下的胡蘿蔔保存下來，再搭上同色系的柿子，讓柿子的甜味蓋掉紅蘿蔔的土味，早餐花10分鐘就可完成這道營養美味湯。

- point -

這樣處理不浪費！

料理剩下的胡蘿蔔，依烹調需求切成適當大小，裝入保鮮袋中放冰箱冷藏，請於 5 天內用完。

如果不確定下餐怎麼使用胡蘿蔔，改用保鮮膜包覆整根剩的胡蘿蔔亦可。

胡蘿蔔甜柿濃湯

| 材料 |

甜柿1顆　　　　　月桂葉1片
紅蘿蔔150g　　　鹽適量
橄欖油適量　　　黑胡椒適量
洋蔥1/3顆　　　　百里香適量
蔬菜高湯500g　　動物性鮮奶油適量
（見67頁食譜）
薑末10g

| 作法 |

1　甜柿、紅蘿蔔去皮切片、洋蔥切丁，
　　備用。

2　加熱平底鍋，倒入油，放入洋蔥先炒
　　軟，接著加紅蘿蔔片拌炒。

3　倒入蔬菜高湯、甜柿片、月桂葉、薑
　　末續煮至滾。

4　挑出月桂葉，倒入果汁機或調理機中
　　打成稠狀。

5　倒回湯鍋內，以鹽、黑胡椒調味後關
　　火，最後淋鮮奶油、放百里香點綴。

Tips

1　建議先將胡蘿蔔切薄片或事先蒸熟使用，可
　　大大節省烹調時間。

2　可依個人喜歡的濃淡增減高湯用量。

3　也能用馬鈴薯、南瓜、地瓜…等取代柿子。

Before
你的冰箱常剩下什麼呢？

part
1
佐麵包的七彩濃湯與抹醬

part
2
用蔬果邊角做常備料理

part
3
用昨天晚餐做趣時間料理

part
4
不剩食做超人早餐與點心

....
剩的食材
....

香蕉
Banana

....

蘑菇濃湯是常見的西式濃湯，我們嘗試完全不加麵粉，又能
把材料打得很細緻綿密的做法，另外再加上奶泡，每一口都
是蘑菇香和奶香，小秘訣是用了香蕉讓湯加倍濃郁，如果家
裡剛好剩了香蕉，一定要試試這道喝了會很驚艷的湯品！

- point -
這樣處理不浪費！

香蕉是很容易就熟的水
果，蒂頭會釋放乙烯氣
體，會加速讓香蕉變黑變
熟。建議可在蒂頭裹上保
鮮膜，能減少乙烯氣體的
釋放，以防止香蕉熟得太
快，就能保存更久喔！

Tips

1 可依個人喜好，加高湯或鮮奶油調整濃淡。

2 喜歡濃郁香蕉味的人，建議選用過熟有斑點的香蕉更佳。

奶油香蕉蘑菇卡布奇諾

| 材料 |

蘑菇350g

洋蔥1/2顆

香蕉2根

奶油10g

橄欖油適量

大蒜2瓣

蔬菜高湯300g

（見67頁食譜）

動物性鮮奶油100g

鹽少許

牛奶少許（打奶泡）

| 作法 |

1 蘑菇切片、洋蔥切丁、大蒜切片、香蕉切丁，備用。

2 於平底鍋中放入奶油和橄欖油，放入蘑菇片拌炒至軟，先盛起。

3 洋蔥丁、蒜片放入鍋中，以小火炒香。

4 加蘑菇片拌勻。

5 倒入蔬菜高湯、香蕉丁，煮約10分鐘後關火。

6 倒入食物調理機打成稠狀，再倒回湯鍋中，以小火加熱至沸騰。

7 加入鮮奶油拌勻，以鹽調味。

8 將濃湯舀入杯中，上方加奶泡點綴即可。

Before
你的冰箱常剩下什麼呢？

part
1
佐麵包的七彩濃湯與抹醬

part
2
用蔬果邊角做常備料理

part
3
用昨天晚餐做理時間料理

part
4
不剩食做超人早餐與點心

剩的食材

高麗菜
Cabbage

高麗菜是個令人頭痛的蔬菜，因為每次都要買一大顆，但不知何時才用得完…。想要快速消化高麗菜，那就把也容易剩下的馬鈴薯、洋蔥拉進來一起烹調，做成奶香濃郁又口感綿密的巧達濃湯，佐上麵包片一起享用。

- *point* -

這樣處理不浪費！

| 01 | 02 |

01 用刀挖除高麗菜芯，可防止水分從菜芯流失和菜葉老化，用開水噴濕乾淨的廚房紙巾回填塞入，菜葉就不會因為脫水而失去脆度。

02 最後用保鮮膜包覆，下次要烹調時，請一葉一葉剝下使用，能維持鮮度。

高麗菜雞茸巧達濃湯

| 材料 |

高麗菜1/4顆

馬鈴薯1顆

洋蔥1/2顆

雞胸絞肉50g

玉米粒25g

蔬菜高湯800g

（見67頁食譜）

橄欖油適量

動物性鮮奶油100g

鹽適量

| 作法 |

1. 洋蔥切末、馬鈴薯去皮並切成1cm的丁狀，備用。

2. 備一滾水鍋，放入雞胸絞肉燙熟至變白後，撈起瀝去水分。

3. 加熱平底鍋，倒入油，放入洋蔥末炒香，加入撕碎的高麗菜片、馬鈴薯丁炒至軟爛，然後倒入蔬菜高湯煮約15分鐘。

4. 整鍋料倒入果汁機或調理機中打成泥，再倒回湯鍋續煮，加入雞胸絞肉、玉米粒，以鮮奶油、鹽調味即完成。

Tips

1. 可先蒸煮馬鈴薯，放冰箱冷凍備用，這樣煮濃湯時更易化開，形成濃郁口感。

2. 除了高麗菜，也可將用不完的其他葉菜類切碎加入煮。

part
2

用 蔬 果 邊 角 做
常 備 料 理

剩下的蔬菜邊角、或半顆半根用不完的
蔬菜都是冰箱裡很常見的食材，你每次
是否都覺得要煮的量太少，但丟掉又可
惜呢？還有一些蔬菜部位是在前置處理
時就被丟掉了，用它們來做常備料理
吧，讓你隨時方便加菜。

Before
你的冰箱常剩下什麼呢？

part
1
佐麵包的七彩濃湯與抹醬

part
2
用蔬果邊角做常備料理

part
3
用昨天晚餐做超時間料理

part
4
不剩食做超人早餐與點心

零碎食材變身應急的好用菜色

在下廚的過程中，很多時候，我們常不經意地切、刨、摘折食材並丟棄，很多營養就這樣不知不覺地被我們丟進了垃圾桶裡，仔細想想其實很可惜。

植物的外皮最接近太陽、吸收了滿滿的自然能量，其合成抗紫外線物質的能力高，通常也是抗氧化能力最強的部分。我們常習慣削掉蔬果的外皮，例如：紅白蘿蔔、牛蒡，蘋果或番茄…等，但只要清洗乾淨，就能好好利用了。料理時，不常用的食材部位不用急著丟棄，特別是你買的是有機或無農藥蔬菜的話，其葉子、蔬果皮都可以打成泥使用；而口感較硬的菜梗、菜心等，則可切片後切絲，下鍋拌炒即為一道簡單菜色，或搭配其他食材或涼拌，也很美味喔。

Before
你的冰箱常剩下什麼呢？

part
1
佐麵包的七彩濃湯與抹醬

part
2
用蔬果邊角做常備料理

part
3
用昨天晚餐做時間料理

part
4
不剩食貨超人早餐與點心

剩的食材

蔬菜蒂頭
vegetables

洗菜時，拔掉菜葉後，就可以慢慢蒐集蔬菜頭與果皮，先將它們洗淨擦乾水分再放保鮮盒冷藏。等到蔬菜頭與各種蔬果果皮收集到一定的量之後，就能用來熬煮高湯，清爽不油膩，用來煮湯、煮麵或稀飯都很好用。

― *point* ―

零碎食材處理與用法！

| 01 | 02 |

01 於保鮮盒底部與蔬菜上方各鋪一張廚房紙巾保溼，記得蓋緊蓋子，放冰箱冷藏可保鮮 1 星期，收集一定量後再煮成高湯。

02 或將煮好的湯放涼後，倒入製冰盒、保鮮袋中，平時烹調就能隨時取用。

萬用蔬菜高湯

| 材料 |

紅蘿蔔皮與頭適量

白蘿蔔葉與皮適量

菠菜頭適量

青江菜頭適量

洋蔥根部適量

芹菜粗纖維適量

水適量

| 作法 |

1　洗淨上述食材後，直接丟入冷水鍋中一起煮沸，1大碗蔬菜搭配可蓋過蔬菜量的水。

2　煮沸後，濾掉蔬菜、只留清湯，冷卻後倒入保鮮袋放冰箱冷藏或填入製冰盒冷凍保存。

Before

你的冰箱常剩下什麼呢？

part 1

佐麵包的七彩濃湯與抹醬

part 2

用蔬果邊角做常備料理

part 3

用昨天晚餐做趕時間料理

part 4

不剩食做超人氣晚餐與點心

剩的食材

蔬菜皮
Vegetable

一般下廚時，最常捨棄掉看似沒有用的蔬菜皮，把它們都丟掉實在太可惜，這些吸收陽光與土壤滿滿養分的皮，同樣富含著營養，只要能有效地調理運用，美味依舊不減，而且能做的料理還不少喔。

- point -

零碎食材處理與用法！

| 01 | 02 |

01 洗淨所有蔬菜皮，切成細絲，倒入滾水鍋中燙熟後撈起。

02 放入冰水中冰鎮，撈起瀝乾水分。

1 除了蔬菜皮,也可直接用一般零碎的蔬菜,先用鹽抓醃,待軟化後再製作。

2 可用泰式甜雞醬、胡麻醬、韓式辣醬甚至果醋來當醬,能延伸的口味很多。

芥末籽拌蔬菜皮

| 材料 |

紅白蘿蔔皮
＋小黃瓜
＋馬鈴薯皮
以上共150g

[蜂蜜芥末籽醬]
法國芥末籽醬1.5大匙
橄欖油60g
蜂蜜1大匙
檸檬汁適量
鹽適量

| 作法 |

1 蔬菜皮洗淨切絲備用。

2 煮一鍋加鹽的熱水,煮沸後放入切好的蔬菜皮,汆燙後放入冰水中冰鎮,撈起瀝乾水分。

3 將蜂蜜芥末籽醬的材料混合均勻後,與蔬菜皮拌勻即完成。

Before
你的冰箱常剩下什麼呢？

part
1
佐麵包的七彩濃湯與抹醬

part
2
用蔬果邊角做常備料理

part
3
用昨天晚餐做超時間料理

part
4
不剩食做超人星餐與點心

剩的食材

豆渣
Soy bean dregs

打豆漿剩下的豆渣，是多用途的營養食材，其豐富的膳食纖維與營養成分與大豆類似，有著預防腸癌及減肥的效果，還能降低血液中膽固醇含量。用便宜的豆渣來做香鬆，既健康又少油少鹽，佐粥麵飯都好好吃。

- point -

零碎食材處理與用法！

| 01 | 02 |

01 將豆渣放入棉布袋中，確實擠乾水分。

02 放入 100 度 C 的烤箱，將豆渣水分烘乾後再拌炒使用。

豆渣海苔香鬆

| 材料 |

豆渣400g

大豆油2大匙

醬油4大匙

五香粉少許

砂糖2大匙

白芝麻適量

味付海苔2大片

| 作法 |

1 取一炒鍋，倒入大豆油和黃豆渣，以小火輕輕翻炒豆渣。

2 待豆渣炒至乾鬆，顏色略為轉黃並散發出豆香，加入調味料翻炒均勻。

3 待豆渣再次炒至乾鬆時，再加入白芝麻略拌炒即可熄火。

4 放涼後，與撕碎的海苔拌勻，裝入保鮮盒，放冰箱冷藏保存，請於兩週吃完。

Tips

1 事先炒乾炒香豆渣，會讓豆渣更具香味，還能去除豆腥味。

2 豆渣可拿來當天然清潔劑，洗碗或加入植物盆栽中當有機肥料。

Before
你的冰箱常剩下什麼呢？

part
1
佐麵包的七彩濃湯與抹醬

part
2
用蔬果邊角做常備料理

part
3
用昨天晚餐做醒時間料理

part
4
不剩食做超人氣早餐與點心

剩的食材

綠花椰菜梗
Broccoli

綠花椰菜整株都能吃，不僅是花球部位能食用，最內部的
嫩葉以及花球下方的梗莖處，拿來熱炒或煮湯都很好吃！
菜梗的營養價值高，別丟別丟，把它拿來醃成甜甜開胃的
醬瓜，鈉含量不像市售的那麼高，又能吃到食材原味喔。

- point -

零碎食材處理與吃法！

這裡以「三次澆醬汁燙」的方式來做醃醬瓜，建議用綠花椰菜的菜梗來做；
而每次不要燙太久，才不會影響脆度。操作時，將菜梗與醬汁分別起鍋盛裝，
待涼後，再一起放入乾淨無水分的瓶罐中醃漬保存，請在 1 週內吃完。

花椰菜梗醬瓜

| 材料 |

花椰菜梗2支
醬油2大匙
砂糖2大匙
烏醋2大匙

| 作法 |

1 先將花椰菜梗外層的粗皮削掉，切成1cm厚的小片狀。

2 醬油、砂糖與烏醋倒入鍋中煮滾。

3 倒入菜梗，燙約15秒撈起放涼。

4 等完全放涼後，再重覆加熱醬汁，澆淋菜梗再燙第二次，總共要燙三次至著色才算完成。

Before
你的冰箱常剩下什麼呢？

part 1
佐麵包的七彩濃湯與抹醬

part 2
用蔬果邊角做常備料理

part 3
用昨天晚餐做超時間料理

part 4
不剩食做超人早餐與點心

剩的食材
....

西瓜皮
Water melon

....

西瓜皮有著降血壓、清熱、利尿、消暑的功效，氣味清香，因此能為料理增添些許香氣，一方面有口感，又有水果的清甜。夏季時，吃完清涼甜美的西瓜，別忘了留下吃剩的西瓜皮，做成生食涼拌、燉湯、切絲快炒、醃漬…等消暑菜色喔。

- point -

零碎食材處理與用法！

01 將鹽巴均勻撒在切絲的西瓜皮上抓醃殺菁。

02 用冷開水沖洗至少兩次以上，才能完全沖洗掉過多鹽分。

Tips 若不是百香果產期的時期，可用話梅泡水當做醃漬汁使用；也可替換紅肉西瓜，果皮更厚實好吃。

百香果涼拌瓜皮

| 材料 |

百香果2顆

西瓜皮50g

聖女番茄1顆

鹽1小匙

蜂蜜1大匙

薄荷葉適量

| 作法 |

1　西瓜皮切薄片，以鹽抓醃，待變軟後洗去鹽分，瀝乾備用。

2　將百香果切開約2/3處，取出百香果肉，留下百香果殼，備用。

3　將百香果肉、蜂蜜、西瓜皮薄片拌勻，填入百香果殼內，最後以薄荷葉、切成舟狀的小番茄裝飾即完成。

Before
你的冰箱常剩下什麼呢？

part
1
佐麵包的七彩濃湯與林醬

part
2
用蔬果邊角做常備料理

part
3
用昨天晚餐做超時間料理

part
4
不剩食做超人早餐與點心

剩的食材

蔬菜與堅果
Vegetable and nuts

如果冰箱剩一些蔬菜，又不知煮什麼的時候，來做改良版
的摩洛哥燉蔬菜會很棒，而且是能吃飽的主食喔。隨意從
冰箱取得的蔬果搭配剩下的綜合堅果，全部切塊切塊就下
鍋，可和庫斯庫斯（Couscous）或小麥飯一起享用。

- point -

零碎食材處理與用法！

堅果油脂含量豐富，若曝露
在空氣中的話，非常容易氧
化。台灣氣候潮濕，容易讓
堅果滋生黃麴毒素，建議最
好少量購入堅果，吃完再
買，吃不完的放入密封袋中
放冷凍保存。

1 荷蘭芹也可換成香菜，煮出來的成品會有
不同味道。

2 燉煮時，容易熟且變色的食材最後再放。

香料堅果燉蔬菜

| 材料 |

馬鈴薯1顆   小黃瓜2條

紅蘿蔔1條   蔬菜高湯400g

大頭菜1/4顆   （見67頁食譜）

地瓜1條   橄欖油適量

去皮番茄罐頭1罐   孜然粉1大匙

洋蔥1/2顆   肉桂粉1大匙

大蒜2瓣   熟腰果30g

紅辣椒1根   柿餅1片

茄子1條   新鮮荷蘭芹碎3大匙

| 作法 |

1   洋蔥切塊、大蒜切末、紅辣椒切圈狀，
其他蔬菜料全切塊，備用。

2   加熱平底鍋，倒入橄欖油，放入洋蔥
塊、蒜末、紅辣椒圈，炒約5分鐘。

3   加入孜然粉、肉桂粉炒勻。

4   取一中大型的燉鍋，加入馬鈴薯塊、
紅蘿蔔塊、大頭菜塊、地瓜塊、去皮
番茄、蔬菜高湯，以慢火煮滾後，加
蓋以小火燜煮15分鐘至蔬菜熟軟。

5   加入小黃瓜塊、茄子塊、腰果碎、柿
餅拌勻，以小火燜煮至濃稠，加入荷
蘭芹拌勻即完成。

Before
你的冰箱常剩下什麼呢？

part
1
佐麵包的七彩濃湯與抹醬

part
2
用蔬果邊角做常備料理

part
3
用昨天晚餐做超時間料理

part
4
不剩食做超人早餐與點心

剩的食材

彩椒
Pepper

彩椒含有豐富的維生素C與A，在防癌食物中也是名列前茅的好蔬果！只可惜對某些人來說，在味道上不是很討喜，所以也是易剩下的食材，我們把剩的彩椒切細，減少苦味感，取它漂亮的顏色來搭配食材做簡單料理。

- point -

零碎食材處理與用法！

當餐用不完的彩椒，把它切成細絲，鋪平在保鮮袋中放冰箱冷凍保存。

Tips
1 汆燙雞肉時，可加入適量鹽可增添雞肉風味，加點油則可讓雞胸肉更滑嫩。
2 切好的蘋果絲可浸在冷水裡，使它與空氣隔絕，這樣就不會很快變色。

吐司邊手撕雞時蔬沙拉

| 材料 |

蘋果1顆
雞胸肉50g
美生菜絲100g
番茄片30g
黃甜椒絲10g
紅甜椒絲10g
吐司邊適量
堅果適量

[檸香優格醬]
原味優格100g
檸檬汁1大匙
鹽適量

| 作法 |

1 將吐司邊切成約1cm大小，平鋪在烤盤上，放進已預熱至175℃的烤箱中烤15分鐘（或金黃色的程度）。

2 蘋果去皮切絲，浸鹽水後瀝乾水分；取一小碗將原味優格、檸檬汁、鹽一起拌勻，備用。

3 備一滾水鍋，放入雞胸肉燙熟，待涼後處理成細絲。

4 取一大盤，放上美生菜絲、紅黃甜椒絲、蘋果絲、番茄片、雞胸肉絲，淋上檸香優格醬，最後撒上適量的吐司邊、堅果即完成。

Before

你的冰箱常剩下什麼呢？

part
1

佐麵包的七彩濃湯與抹醬

part
2

用蔬果邊角做常備料理

part
3

用昨天晚飯做趕時間料理

part
4

不剩食做超人早餐與點心

剩的食材

蔬菜碎
Vegetable

每餐煮飯時，總會東剩一點、西剩一點蔬菜食材，把它們
全部集合起來，做成懶人的煎餅！外酥內軟的蔬菜煎餅讓
你一次就能吃到好多蔬菜，不管當點心或配菜都很適合，
也可隨意添加喜愛的食材或冰箱內用不完的碎料。

- point -

零碎食材處理與吃法！

用不完的蔬菜絲拿來做煎
餅是最方便的料理！煎餅
前，事先用調好的麵粉撒
一些拌勻蔬菜，讓表面稍
微沾附到麵粉，可幫助煎
製時不鬆散；而調好的煎
餅粉放冰箱冷藏保存，隨
時可取用。

韓式蔬菜碎煎餅

Before
你的冰箱常剩下什麼呢？

part
1
佐麵包的七彩濃湯與抹醬

part
2
用蔬果邊角做常備料理

part
3
用昨天晚餐做趕時間料理

part
4
不剩食做超人氣早餐與點心

| 材料 |

韭菜段適量

蔥段適量

高麗菜綜適量

胡蘿蔔絲適量

葉菜類適量

洋蔥絲適量

雞蛋2顆

喜愛的海鮮適量

紅辣椒圈少許

橄欖油適量

[麵糊]

中筋麵粉1杯

糯米粉1/4杯

冰水1又1/4杯

鹽適量

| 作法 |

1　將麵糊材料倒入大碗中，調勻備用。

2　加熱平底鍋，待油熱後轉小火，先淋上部分麵糊，接著依序排上蔥段、韭菜段再放海鮮。

3　放上紅蘿蔔絲、高麗菜絲、洋蔥絲、排上辣椒圈，再淋上剩餘的麵糊，最後淋上蛋液，轉中火煎至喜歡的脆度後關火即完成。

4　將煎餅沾醬的材料調勻，與蔬菜煎餅一起享用。

[煎餅沾醬]

醬油1大匙

開水1大匙

白醋1/2大匙

砂糖1/4大匙

韓國辣椒醬適量（可省略）

熟白芝麻適量

 Tips

1 用冰開水調麵糊的話，煎餅口感會較酥脆些，麵糊的水與粉比例是1：1。

2 視麵糊的攪拌狀況增減水量，只要能讓麵粉和食材攪拌均勻即可；注意太濕或是太乾的話，都會影響煎餅的口感。

3 加入雞蛋一起煎，可增加煎餅的香度及黏著性。

Before
你的冰箱常剩下什麼呢？

part
1
佐麵包的七彩濃湯與抹醬

part
2
用蔬果邊角做常備料理

part
3
用昨天晚餐做避時閒料理

part
4
不剩盒做超人星餐與點心

剩的食材

胡蘿蔔葉
Carrot leaves

一般會被捨棄的胡蘿蔔葉，其實葉子比根部多了6倍的維他命C，且帶有特殊香氣，它是可食用的蔬菜部位喔。將胡蘿蔔葉裹粉炸成天婦羅，或打成蘿蔔葉汁，加入湯煮或煎蛋使用，能增加獨特的美味營養與纖維素。

- point -

零碎食材處理與用法！

01	02

01 洗淨胡蘿蔔葉，整把放入滾水鍋中燙熟，撈起瀝乾水分。

02 待胡蘿蔔葉放涼後，切成段，放入保鮮袋中鋪平，放冰箱冷凍保存，請於1個月內用完。

胡蘿蔔葉菜脯蛋捲

Before
你的冰箱常剩下什麼呢？

part
1
佐麵包的七彩濃湯與抹醬

part
2
用蔬果邊角做常備料理

part
3
用昨天晚餐做輕時間料理

part
4
不剩食做超人早餐與點心

| 材料 |　　胡蘿蔔葉30g

雞蛋6顆

碎菜脯15g

砂糖1大匙

橄欖油適量

| 作法 |

1　將碎菜脯略沖洗、瀝乾水分，再放入乾鍋內，以小火炒至乾，備用。

2　將6顆蛋打進大碗裡，並加入砂糖、切碎的胡蘿蔔葉，充分打散拌勻。

3　加熱平底鍋，倒入油，分次倒入蛋液：第一層蛋液表面起小泡泡、呈半熟狀態時撒上碎菜脯後捲起來，把第一層蛋捲推向鍋子一邊。

4　倒第二層蛋液，等待蛋液表面起泡泡呈半熟狀態，撒上碎菜脯後捲起來，以此方式煎出想要的厚度。

Tips

1 煎蛋捲時，一定要維持在小火狀態，以免底部很快就焦了；油量取決於鍋子材質，不沾鍋的油可少些，其他材質的話，就酌量增加。

2 待鍋裡的蛋液表面有小泡泡時，就可以捲起來了。

3 將平時丟棄不用的胡蘿蔔梗頭留下，拿個淺盤或是碟子加點水，就能種出美麗茂盛的羽葉。

Before
你的冰箱常剩下什麼呢？

part 1
佐麵包的七彩濃湯與抹醬

part 2
用蔬果邊角做常備料理

part 3
用昨天晚餐做超時間料理

part 4
不剩食做超人早餐與點心

剩的食材

白蘿蔔梗
Chinese radish leaves

白蘿蔔梗也有豐富的膳食纖維、多種胺基酸及維生素，是價格平實又營養的食材，只要運用小小的巧思，就能變化出搭配主食麵飯很好吃的一道菜。很多十字花科的蔬菜也適合醃製，例如油菜和青江菜，也可試試看。

- point -

零碎食材處理與用法！

洗淨白蘿蔔梗並擦乾水分，切成丁或末，放入保鮮袋中，用鹽抓醃一下，放冰箱冷藏保存，可放 3 天。

白蘿蔔梗
雪裡紅肉丸

Before

你的冰箱常剩下什麼呢？

part 1

佐變包的七彩濃湯與抹醬

part 2

用蔬果邊角做常備料理

part 3

用昨天晚餐做提時間料理

part 4

不剩食做超人早餐與點心

| 材料 |

[蘿蔔葉雪裡紅]

白蘿蔔梗150g

鹽1/2小匙

紅辣椒1/2條

植物油1大匙

砂糖1/2小匙

[肉餡]

豬絞肉150g　　　砂糖1/2小匙

薑10g　　　　　白胡椒粉1小匙

醬油2大匙　　　鹽少許

米酒1大匙　　　太白粉1大匙

香油1小匙　　　新鮮香菇7朵

| 作法 |

1　洗淨白蘿蔔梗，切成約1cm小段，加鹽並用手抓拌均勻，輕搓至白蘿蔔梗變軟且色澤變深；紅辣椒與薑切碎末、香菇去蒂氽燙，備用。

2　取出白蘿蔔梗，略以冷水清洗一下，再擠除水分備用。

3　加熱平底鍋，倒入油，放入紅辣椒末先爆香。

4　加入白蘿蔔梗翻炒，再加砂糖炒勻成雪裡紅。

Tips

1 如果不用蒸的方式，用炸的也很美味。

2 一次多做一點鹽漬白蘿蔔梗，放冰箱冷凍保存很好用，可依個人喜好斟酌鹽量（約是蘿蔔葉梗的0.5-1％）。

5 將豬絞肉、薑末、炒好的雪裡紅放入大碗中，加入白胡椒粉、砂糖、鹽、米酒、香油、太白粉、醬油，用手均勻攪拌並摔打，使肉產生黏性。

6 將絞肉捏成乒乓球大小，在每個香菇底部朝上撒上薄薄一層太白粉，再放上肉球塑形黏合。

7 在電鍋外鍋倒1杯水，蓋上鍋蓋蒸10分鐘後取出。

8 將蒸肉的湯汁倒入小鍋中，加點油煮滾，再淋在肉丸上，另外撒上一點蘿蔔葉雪裡紅。

part
3

用 昨 天 晚 餐 做
趕 時 間 料 理

家庭主婦常面臨前一餐料理要如何處理
才好的困擾，隔夜飯菜在反覆加熱後，
口感比較差且營養素也較易流失，但又
棄之可惜。其實，可以加添一點食材，
以不同烹調手法變化成新一道菜色，既
省時又吃不膩。

Before

你的冰箱常剩下什麼呢？

part
1

佐麵包的七彩濃湯與抹醬

part
2

用蔬果邊角做常備料理

part
3

用昨天晚餐做趕時間料理

part
4

不剩食做超人早餐與點心

隔餐也吃不膩的烹調變化

常常覺得冰箱裡的隔夜菜棄之可惜，除了反覆加熱之外，也不知如何處理才好嗎？或許你可以參考本篇章的食譜試試看更多元的吃法。當然，以營養與衛生角度來看，還是會建議菜肴於當餐食用完畢是最佳的，如果無法當餐解決，也建議最慢2天內一定要吃完。

這裡的食譜設計原意並非鼓吹大家常吃隔夜菜，畢竟還是新鮮食物對人體最好。但如果有正確的冰存方式為前提的話（比方冰箱溫度、收納法），或許可用一些烹調巧思，讓前一晚或隔餐菜色變成有新意的料理，目的仍是為了讓大家快快吃完它。

而隔夜菜真的可以華麗變身成為美味佳餚嗎？！其實方法很簡單，只要稍微改變料理方式，加入新食料來搭配，就可呈現出不同樣貌了，讓家中剩菜不再成為你的困擾，又能變出一道道讓人眼睛一亮的新菜色來喔。

Before
你的冰箱常剩下什麼呢？

part
1
佐麵包的七彩濃湯與抹醬

part
2
用蔬果邊角做備常料理

part
3
用昨天晚餐做趕時間料理

part
4
不剩食做超人早餐與點心

剩的料理

吃不完的
炒飯

前一餐吃剩的蛋炒飯再熱過，飯粒口感難免變得乾巴巴的。何不把吃不完的炒飯變身為另一道新菜色呢？用討人喜歡的酸甜番茄醬和起司片來變化，做成大人小孩都愛的熱呼呼炸飯糰，不論是口味或造型，都不一樣了呢！

- point -

吃不完的變化法！

想變化吃不完的炒飯的各種方式：

A　做炸飯糰：夾入起司片後再包起，做成飯糰再油炸至表面香酥。

B　熱鍋拌炒：無須解凍，熱鍋後拌炒均勻約 3-5 分鐘。

C　高湯燉粥：以 500ml 開水或高湯，與冷凍炒飯一同加熱，開中火邊煮邊攪拌至均勻濃稠。

Tips

1 冷藏過的隔夜飯不好塑型，可以透過加熱或加蛋液增加黏性，如果是使用燉飯的話，就可以省略。

2 使用冰淇淋勺塑形做飯糰，大小會比較一致，也可用湯匙挖起再塑形。

義式爆漿炸飯糰

| 材料 |

炒飯1碗

起司片3片

雞蛋2顆

中筋麵粉適量

麵包粉適量

| 作法 |

1　將起司片疊起，切成丁狀，備用。

2　將炒飯放入碗中，先打入1顆蛋拌勻。

3　取一張保鮮膜，將炒飯攤平，中間放入起司丁，扭轉呈球狀，一共可做3顆飯糰。

4　將飯糰依序裹上中筋麵粉、全蛋蛋液、麵包粉。

5　以油溫160-180度C的中火，油炸至外皮呈金黃酥脆，撈起瀝油。

Before
你的冰箱常剩下什麼呢？

part 1
佐麵包的七彩濃湯與抹醬

part 2
用蔬果邊角做常備料理

part 3
用昨天晚餐做趕時間料理

part 4
不剩食的超人早餐與點心

剩的料理

吃不完的
煎蛋、香鬆

別再看著前一餐的剩食發呆啦，把它們當成茶泡飯的配料，冰箱有什麼料都可以，全部簡單切一切、放入碗中，倒入高湯輕鬆拌著吃就行，也可添加些切碎的泡菜、拌飯醬或韓式辣醬做成不同風味。

- point -

吃不完的變化法！

吃不完的蛋皮放在密封袋裡，可放冰箱冷凍，於 1-2 週內吃完。一般可拿來炒飯、炒豆干、豆芽菜或拌麵都很好用，甚至是當成早餐麵包的夾餡。

Tips 如果冰過的白飯太乾，攪拌時可以加入2大匙水一起拌，會比較好塑形。

什錦蔬菜湯泡飯

| 材料 |

熟的綜合蔬菜末20g
（葉菜類、胡蘿蔔…等）

剩的白飯1碗

蔬菜高湯 200g（見67頁食譜）

豆渣海苔香鬆少許（見71頁食譜）

蛋皮絲20g

海苔絲適量

蔥花少許

| 作法 |

1　將剩的白飯與綜合蔬菜末微波加熱後拌勻，捏成小山般的飯糰，放入大碗中。

2　撒上蛋皮絲、豆渣海苔香鬆、海苔絲、蔥花，最後倒入蔬菜高湯即可享用。

Before
你的冰箱常剩下什麼呢？

part
1
佐麵包的七彩濃湯與抹醬

part
2
用蔬果邊角做常備料理

part
3
用昨天晚餐做趕時間料理

part
4
不剩食做超人氣果醬與點心

剩的料理

吃不完的
火鍋食材

每到冬天，一定少不了在家和親朋好友煮火鍋料相聚，不過，採買時總是情不自禁的買了過多火鍋食材，想把整鍋裝滿，但又吃不完，一直回煮又像大鍋菜一樣，真的很膩！用圓法麵包給它一個新面貌吧，加上西式調味，變成不同的吃法。

- point -

吃不完的變化法！

A 吃不完的火鍋料需與湯底分開存放，才能用來做別的料理。在加熱時，因為是放蔬菜高湯，所以可以維持再製時的清爽度。

B 除了右頁食譜，直接加入白飯與 1 顆蛋，煮成什錦綜合粥也很美味。

C 吃不完的圓法麵包是很棒的可食用容器，拿來裝各種濃湯很方便。

火鍋雜燴麵包盅

| 材料 |

火鍋鍋底的蔬菜料 適量

蔬菜高湯1杯（見67頁食譜）

隔夜的火鍋料適量

動物鮮奶油適量

黑胡椒適量

圓型法國麵包1個

巴西里適量

| 作法 |

1   將前一餐火鍋內的蔬菜料和菇類撈出，
    放入果汁機或調理機中打成泥狀。

2   將步驟1倒入鍋中，倒入1杯蔬菜高湯加
    熱續煮。

3   加入鮮奶油續煮至滾後關火。

4   將麵包切開1/3，中心挖空，倒入煮好的
    火鍋濃湯。

5   放入丸類或餃類，撒上黑胡椒、巴西里
    裝飾即完成。

Before
你的冰箱常剩下什麼呢？

part
1
佐麵包的七彩濃湯與抹醬

part
2
用蔬果蒂角做常備料理

part
3
用昨天晚餐做趕時間料理

part
4
不剩食做超人氣餐與點心

剩的料理

吃不完的
白飯

白飯是許多人家裡常剩的東西，加熱後又想不到要弄什麼配菜，總覺得困擾不已…。我們把剩白飯和剩食材切一切，拌在一起做一鍋大阪燒吧，煎一煎就能完成，脆脆的口感、帶著焦香氣息的飯就像鍋巴，很簡單就能做，大人小孩都會喜歡。

- point -

吃不完的變化法！

01 平常吃不完的白飯請以小份量放入保鮮袋，攤平後密封，放冰箱冷凍保存，不管是要煮粥或炒飯或其他飯料理都好用。通常，白米在烹煮後放置隔夜，裡頭的精緻澱粉會轉變成「抗性澱粉」，熱量變比較低喔。

02 利用白飯的澱粉質，其實還可輕鬆打成米漿！將白飯倒入果汁機中，加開水蓋過白飯，倒入花生粉攪打均勻，再依個人喜好加糖調甜度，就成了早餐的營養飲品，或也可添加在濃湯裡攪打均勻、以增加湯的濃稠度。打好的米漿運用很廣泛，像做蘿蔔糕、碗糕…等，都可以用來取代部分在來米粉漿，只要動動腦，白飯不再是吃不完的主食，其實能變換出各種吃的樂趣。

日式鍋巴大阪燒

| 材料 |

雞蛋1顆　　　　大阪燒醬適量
白飯1碗　　　　柴魚片適量
高麗菜碎20g　　蔥花10g
蘿蔔碎20g　　　美乃滋適量
橄欖油少許　　　海苔絲少許
日式醬油1大匙
胡椒少許

| 作法 |

1　在碗中打散雞蛋，倒入所有
　　蔬菜碎、醬油、胡椒及白飯
　　充分拌勻。

2　加熱平底鍋，倒入油，將步
　　驟1放入鍋中整平，煎至兩面
　　金黃。

3　盛盤後，塗上大阪燒醬、美
　　乃滋，再放上柴魚片、海苔
　　絲及蔥花即完成。

Before
你的冰箱常剩下什麼呢？

part 1 佐麵包的七彩濃湯與抹醬

part 2 用蔬果邊角做常備料理

part 3 用昨天晚餐做趕時間料理

part 4 不剩宜做超人早餐與點心

剩的料理

吃不完的
肉燥飯

隔夜的肉燥飯還能怎麼吃呢？再加熱直接吃又覺得很沒意思，那把它和剩下的吐司做結合，做出台味十足的熱壓三明治試試吧，香噴噴的肉燥與濃郁起司絲很合拍，非常適合當成快速早餐或是小朋友的下午點心食用。

- point -

吃不完的變化法！

A 當天未吃完的肉燥在保存之前，記得要先煮滾，放涼至室溫後再放入冰箱保存。如果份量剩太多，建議分裝密封保存，要吃多少再加熱多少，以免一直重覆加熱。

B 除了肉燥，也可加些用不完的蔬菜末混合，讓營養更多元。

肉燥飯熱壓吐司

| 材料 |

冷白飯2碗

肉燥1碗

吐司4片

奶油適量

起司絲適量

| 作法 |

1　將冷白飯與肉燥拌勻。

2　於吐司表面抹奶油，鋪上肉燥飯，
　　再鋪上起司絲。

3　用熱壓機熱壓成三明治即完成。

Before

你的冰箱常剩下什麼呢？

part 1

佐麵包的七彩煮湯與抹醬

part 2

用蔬果邊角做常備料理

part 3

用昨天晚餐做趕時間料理

part 4

不剩食做超人早餐與點心

剩的料理

吃不完的
三層肉片

前一餐剩下的三層肉片實在不知該怎麼變化才好，這時如果有剩的番茄與洋蔥，其實可以做成莎莎醬來佐食，有別於傳統的蒜頭醬油吃法，而且減少三層肉本身的油膩感，變成有一點洋味兒的有趣吃法。

- point -

吃不完的變化法！

A 吃不完的三層肉片，可裝入密封袋，放冰箱冷凍保存。

B 莎莎醬的材料，除了食譜頁的組合，也可依不同季節時令來變化，比方改用西瓜、芒果、鳳梨等水果來取代牛番茄，更多了一份水果酸甜滋味。

三層肉片佐番茄莎莎

| 材料 |

切片三層肉300g　　檸檬汁20g

牛番茄2顆　　　　橄欖油3大匙

洋蔥1/3顆　　　　鹽適量

大蒜4瓣

辣椒1條

羅勒10g

| 作法 |

1　洋蔥切丁，放入冰水碗中，
　　冰鎮一下後撈出瀝乾。

2　羅勒與大蒜切碎，辣椒去籽
　　後切碎，備用。

3　牛番茄去籽切小丁，放入滾
　　水鍋中汆燙30秒後撈起。

4　以上材料放進大碗中，淋上
　　橄欖油，倒入檸檬汁，以鹽
　　調味成醬汁。

5　將調好的莎莎醬汁淋在三層
　　肉片上即完成。

Before
你的冰箱常剩下什麼呢？

part
1
佐麵包的七彩濃湯與抹醬

part
2
用蔬果邊角做常備料理

part
3
用昨天晚餐做趕時間料理

part
4
不剩食做超人早餐與點心

剩的料理

吃不完的
三杯雞

每次三杯雞都是煮一整鍋，當餐不易吃完，換個想法，把
三杯雞變成披薩餡料，用蛋餅皮當成餅皮基底，再鋪上蒜
苗，就是小朋友也會愛的課後點心囉！如果前一餐有這類
比較不帶湯汁的菜色或熱炒，同樣也能做披薩喔。

- point -

吃不完的變化法！

A 吃不完的三杯雞其實可
以分小包密封，放冷凍
保存的話，就是隨時能
加菜的家常調理包了。

B 比較有時間的話，亦可
自製麵團製成披薩餅皮
來做。

三杯雞薄脆披薩

| 材料 |

蛋餅皮 1張

三杯雞200g

萬用番茄紅醬適量

橄欖油適量

起司絲 適量

| 作法 |

1 用刷子在烤盤上先抹一層橄欖油。

2 把蛋餅皮平鋪在烤盤上,再刷上一層橄欖油。

3 均勻抹上一層番茄紅醬,撒上起司絲。

4 把三杯雞當成餡料,均勻鋪在餅皮上。

5 送進預熱至220度C的烤箱中,烘烤15-20分鐘後取出。

Before
你的冰箱常常剩下什麼呢？

part
1
佐麵包的七彩濃湯與抹醬

part
2
用蔬果邊角做常備料理

part
3
用昨天晚餐做趕時間料理

part
4
不剩食的超人早餐與點心

剩的料理

吃不完的
咖哩

一般習慣煮咖哩就是一大鍋，隔天實在不知還能怎麼吃…。把咖哩變為餡料，包進厚厚的烘蛋裡，再放入起司，會「牽絲」的濃郁咖哩烘蛋簡單就能完成，而且有滿滿蔬菜料和蛋的營養，又可輕鬆消化掉大量咖哩。

- point -

吃不完的變化法！

咖哩料與湯汁都是很好的可再利用食材。如果隔天想將咖哩做變化，建議先將蔬菜撈出，可做咖哩風味燉菜；咖哩湯汁則能留做拌飯、拌麵、沾麵包的醬料。

除了右頁的烘蛋做法，若有家用烤箱的話，亦可以 180 度 C 烘烤15 分鐘至蛋液表面凝固即可。

濃郁咖哩起司烘蛋

| 材料 |

全蛋5顆
咖哩餡1碗
起司絲適量
橄欖油適量

| 作法 |

1　將蛋液打散後加入咖哩餡、起司絲拌勻。

2　加熱平底鍋，加入少許油，以中火熱鍋，倒入蛋液。

3　一倒入蛋液後，用筷子由外往內畫圈，以順時針的方式攪動蛋液，為讓整鍋的熟度均勻，烘好的蛋才能更膨鬆。

4　待邊緣都凝固時，蓋上鍋蓋燜至中間蛋液呈不會流動的狀態。

5　倒扣烘蛋後，再倒回鍋內，將另一面煎熟即完成。

Before

你的冰箱常剩下什麼呢？

part 1

佐麵包的七彩濃湯與抹醬

part 2

用蔬果邊角做常備料理

part 3

用昨天晚餐做趕時間料理

part 4

不剩食做超人早餐與點心

剩的料理

吃不完的
麻油雞

在冷冷的天裡，麻油雞常是進補菜色，但一鍋實在不容易吃完，可以用義大利麵讓麻油雞有新的變化吃法！運用食譜中的青醬配方，再調製成新感覺的義大利麵，會發現麻油和青醬其實是好朋友呢，完全沒有違和感。

- point -

吃不完的變化法！

A 吃不完的麻油雞也能當成調理包冷凍保存，搭配不同主食，比方湯飯或湯麵食用。

B 義大利麵可預煮保存，以減少烹調時間約 1 - 2 分鐘。將煮好的麵稍放涼，分裝於保鮮袋中放冰箱冷凍（約 200 g 分裝一包，為 1 人份）。

青醬麻油雞義大利麵

| 材料 |

義大利麵1份	蘑菇3朵
青醬3大匙	米酒2大匙
水1000g	麻油雞1份
鹽10g	麻油雞湯汁2大匙
麻油適量	辣椒絲適量
洋蔥末20g	
大蒜末10g	

| 作法 |

1 備一加了鹽的滾水鍋，放入義大利麵，依袋上包裝指示時間煮約8分熟後，撈起麵條瀝乾水分。

2 加熱平底鍋，倒入麻油，先爆香洋蔥末、蒜末，加入切片的蘑菇拌炒。

3 倒入米酒，煮至酒精揮發，再倒入8分熟的義大利麵，並加入2大匙麻油雞湯拌勻。

4 加入青醬拌勻後關火，盛盤後放上雞肉塊、辣椒絲即完成。

Before
你的冰箱常剩下什麼呢？

part
1
佐麵包的七彩濃湯與抹醬

part
2
用蔬果邊角做常備料理

part
3
用昨天晚餐做趕時間料理

part
4
不剩食做超人單餐與點心

剩的料理

吃不完的
滷肉、薯條

滷肉是常見的家庭料理，但和肉燥一樣，一滷就是整鍋，有時要分個幾餐才能消化完剩下的份量。如果手邊剛好有薯條或薯泥，把它們搭在一起，再撒上滿滿起司絲，新一道快手料理就產生了，是有點邪惡但噴香的美味小點。

- point -
吃不完的變化法！

A 當天未吃完的滷肉和肉燥保存方式類似，在保存之前，記得要先煮滾，放涼至室溫後再放入冰箱保存。若份量剩太多，建議分裝密封保存，要吃多少再加熱多少，以免一直重覆加熱。

B 除了薯條，亦可使用蒸熟的帶皮馬鈴薯或薯泥代替，變化不同口感。

滷肉餡焗薯條

|材料|

薯條適量
滷肉餡1碗
焗烤用起司絲適量
巴西里適量

|作法|

1 將薯條放入烤皿中，淋上滷肉餡。

2 上面鋪滿起司絲，放入烤箱烤至表面金黃。

3 撒上切碎的巴西里即完成。

Before

你的冰箱常剩下什麼呢？

part
1

佐麵包的七彩濃湯與抹醬

part
2

用蔬果邊角做常備料理

part
3

用昨天晚餐做趕時間料理

part
4

不剩食做超人早餐與點心

剩的料理

吃不完的
鹹酥雞

帶有酒香、醬汁極濃郁的「白酒奶油燉雞」是傳統的法式
家常菜，我們使用炸過的隔夜鹹酥雞也能做出類似風味，
而且節省將雞肉烹熟的時間、雞肉也不會乾巴巴的，如果
家裡有炸太多的雞丁、雞柳也適用。

- point -

吃不完的變化法！

右頁食譜是用醬讓炸物能夠濕潤好吃的做法，但如果是要直接吃的話，得先將
炸物放入電鍋內稍微蒸過，待外皮麵衣吸收了水分，再取出油炸，就會跟現做
的一樣美味了！

白酒奶油燉鹹酥雞

| 材料 |

培根丁30g

鹽酥雞200g

橄欖油1大匙

洋蔥丁20g

蒜末10g

蘑菇50g

麵粉10g

白酒50ml

蔬菜高湯400g（見67頁食譜）

動物性鮮奶油100ml

鹽、黑胡椒適量

巴西利適量

| 作法 |

1　取一炒鍋，放入切丁的培根先煎出油，再放鹽酥雞煎香，盛起備用。

2　原鍋不加油，倒入洋蔥丁、蒜末、切片的蘑菇炒軟，倒入麵粉一起炒熟。

3　加入白酒，煮滾後轉小火續煮至酒精揮發。

4　倒入鹽酥雞、蔬菜高湯煮，待沸騰後轉小火燜煮。

5　倒入鮮奶油，續煮10分鐘至湯汁變濃稠。

6　最後，以鹽、黑胡椒調味，撒上巴西利即完成。

Before
你的冰箱常剩下什麼呢？

part 1
佐麵包的七彩濃湯與抹醬

part 2
用蔬果邊角做常備料理

part 3
用昨天晚餐做趕時間料理

part 4
不剩食做超人早餐與點心

剩的料理

吃不完的
魚片

前一餐剩下的魚片到隔天要再加熱食用的話，難免就失去表面脆度而沒那麼好吃了。把魚片切碎做成可愛的快手鹹派當點心吧，和剩白飯、蔬菜拌一起，再以吐司盛裝，就是一人份的小小鹹派。

- point -

吃不完的變化法！

A 吃不完的魚肉，加入自己喜歡的調味料後，用小火慢慢翻炒，將魚肉水分收乾，炒成酥鬆狀態後就成了很好的拌飯魚鬆。

B 如果省略掉食譜頁的步驟6-7，就是一道燉飯成品了，也可就這樣直接吃。

焗烤魚片燉飯鹹派

Before
你的冰箱常剩下什麼呢?

part
1
佐麵包的七彩濃湯與抹醬

part
2
用蔬菜邊角做常備料理

part
3
用昨天晚餐做趕時間料理

part
4
不剩食做超人早餐與點心

| 材料 |

牛番茄30g　　　　　　白飯1碗

胡蘿蔔10g　　　　　　吐司4片

高麗菜20g　　　　　　吃不完的虱目魚肚適量

洋蔥20g　　　　　　　動物性鮮奶油50g

大蒜1瓣　　　　　　　蔬菜高湯150g

西芹20g　　　　　　　（見67頁食譜）

番茄醬2大匙

| 作法 |

1　番茄切丁、胡蘿蔔切片、高麗菜撕小片、洋蔥切
　　丁、西芹切片、大蒜切末,備用。

2　加熱平底鍋,倒一點油,放入洋蔥丁先炒至透
　　明,再加入蒜末爆香。

3　加入所有蔬菜拌炒,再加入鮮奶油、蔬菜高湯、
　　番茄醬煮滾。

4　放入白飯,煮至湯汁收乾。

橄欖油適量

鹽、黑胡椒適量

奶油適量

起司絲適量

Tips

如果沒有魚片，用鮪魚罐頭也可替代，但需瀝掉湯汁再進行拌炒。

5 以鹽、黑胡椒調味，倒入切碎的魚肉，一起拌炒均勻成餡。

6 將吐司去邊，在雙面及四個邊都抹上奶油，並於每邊中間處切一刀，用手按壓貼合於烤模中，放進預熱至180度C的烤箱中，烤至定型與上色。

7 填入燉飯餡，撒上起司絲，放入烤箱烘烤至融化上色即完成。

* part * 4

不　剩　食　做

超人早餐與點心

利用冰箱裡的零碎食材、剩下的蔬果來製作隔天的早餐，或是小孩下課後肚子餓的急用點心，不用太複雜的步驟，就像玩樂一樣，想加什麼都來嘗試看看，原來清冰箱也這麼有趣啊！

Before

你的冰箱常剩下什麼呢？

part 1

佐麵包的七彩濃湯與抹醬

part 2

用蔬果邊角做常備料理

part 3

用昨天晚餐做醒時間料理

part 4

不剩食做超人早餐與點心

剩蔬果快速做大人早餐與小孩點心

對於冰箱裡剩下的蔬菜、水果，除了直接吃完它們，還能透過做輕食點心的方式，讓蔬果有新的吃法樂趣。只要運用各種不同的食材做搭配或點綴，就能做出鹹或甜的口味來，讓大人小孩都能一起享用，和家人一起實踐「不剩食的生活」，大家一起吃得開心又安心，是最重要的事了。

本章節的食譜設計，包含了蔬菜水果、罐頭、根莖類…等，甚至是不小心放到過熟的水果或是有點損傷、不那麼漂亮的「格外品」也能做變化，製作過程不繁複，有些還能和孩子一起完成，只要把食材拌合、攪一攪，做點心並不是那麼困難的事，也能當成快速早餐吃。

如果我們在生活中能多一點點對食物的用心和在意，剩食就不會那麼多、冰箱也不會那麼滿，這些改變也都會反映在你與家人的健康上，其實是值得好好重視的飲食小事。

Before

你的冰箱常剩下什麼呢？

part
1

佐麵包的七彩濃湯與抹醬

part
2

用蔬果邊角做常備料理

part
3

用昨天晚餐做超時簡料理

part
4

不剩食做超人早餐與點心

剩的食材

各種
蔬菜料、牛奶

- Today's Menu -

鹹蛋糕

這道菜是點心也是料理，而且食譜中的食材幾乎是家家都有的東西，以「洋蔥炒蛋」為主角，做成有別於一般口味的鹹蛋糕。即便家裡沒有攪拌機也沒有關係，只要將所有食材拌合均勻，就能做成麵糊囉，當成點心或隔天早餐都很適合。

- point -

還可以換成其他料！

除了洋蔥和雞蛋，還可換成以下食材來搭配組合，只要學會食譜頁裡的製作方式與順序，就能嘗試多種鹹蛋糕了。

· 洋蔥 × 雞蛋 × 火腿丁　　　　· 花椰菜 × 雞蛋 × 鮭魚肉

· 玉米 × 雞蛋 × 培根丁　　　　· 三色蔬菜 × 雞蛋 × 熱狗

· 櫛瓜 × 雞蛋 × 德國香腸丁　　· 番茄 × 雞蛋 × 黑橄欖

洋蔥炒蛋鹹蛋糕

Before

你的冰箱常剩下什麼呢？

part
1

佐麵包的七彩濃湯與抹醬

part
2

用蔬菜邊角做常備料理

part
3

用昨天晚餐做趕時間料理

part
4

不剩食做超人早餐與點心

| 材料 |

雞蛋3顆　　　　　　　　培根丁20g

牛奶70g　　　　　　　　洋蔥丁40g

橄欖油40g　　　　　　　蔥花10g

低筋麵粉150g　　　　　　鹽適量

無鋁泡打粉1.5小匙

起司粉2大匙

註：請用18X10X6.5cm長方形烤模1個

| 作法 |

1　加熱平底鍋，倒入適量橄欖油（份量外），放入
　　培根丁先炒香後盛起。

2　加入洋蔥丁拌炒至軟，打入1顆全蛋，加適量
　　鹽、蔥花拌勻後盛起，備用。

3　將低筋麵粉和無鋁泡打粉一同過篩，備用。

Tips

為了避免蛋糕不好脫模，可以在烤模上事先塗上一層薄薄的奶油，再撒上少許麵粉，烤好後較不易沾黏。

4　取一鋼盆，依序加入牛奶、橄欖油、起司粉、2顆蛋拌勻。

5　最後交叉加入過篩粉類及步驟2的2/3炒料拌勻。

6　取一烤模，倒入麵糊後再加入剩下的1/3炒料，鋪上炒好的培根丁，放入預熱好的烤箱中，上火為190℃，烤30-35分鐘至不沾黏即可取出。

Before
你的冰箱常剩下什麼呢？

part 1
佐麵包的七彩濃湯與抹醬

part 2
用蔬果邊角做常備料理

part 3
用昨天晚餐做超時間料理

part 4
不剩食做超人早餐與點心

- Today's Menu -
麵包布丁 & 雪酪

剩的食材

雞蛋、 冷凍水果

今天冰箱有剩的雞蛋、長棍麵包片、各種水果，要做什麼來吃好呢？來做冰熱雙享的麵包布丁佐冰淇淋吧！麵包片吸飽了牛奶拌合的蛋液，烘烤得柔軟濕潤，是非常療癒的一道點心，也能當成邪惡的冬日宵夜喔～

- point -
還可以換成其他料！

除了長棍麵包外，也可以換成吐司來做喔。而水果冰淇淋的選擇就更多了，依著季節來變換出不同冰淇淋或雪酪佐搭暖呼呼的麵包布丁。

·奇異果	·哈蜜瓜	·水蜜桃
·草莓	·西瓜	·洛神
·藍莓	·葡萄	
·芒果	·芭樂	
·鳳梨	·桑椹	

麵包布丁佐火龍果雪酪

Before
你的冰箱常剩下什麼呢？

part
1
佐麵包的七彩濃湯與抹醬

part
2
用蔬果邊角做常備料理

part
3
用昨天晚餐做趕時間料理

part
4
不剩食做超人早餐與點心

| 材料 |　　法國長棍麵包1/2條　　　細砂糖30g

　　　　　　　牛奶200g　　　　　　　香草莢醬5g

　　　　　　　動物性鮮奶油100g　　冷凍火龍果200g

　　　　　　　雞蛋2顆

| 作法 |

1　法國長棍麵包切片，備用。

2　將牛奶、鮮奶油、雞蛋、細砂糖、香草莢醬拌勻
　　成蛋奶液並過篩。

3　將麵包舖在烤皿中，倒入調好的蛋奶液，靜置30
　　分鐘。

Tips — 無奶的冰淇淋口則會偏向雪酪、冰沙的口感,清爽又能直接吃到水果原味。

4　烤箱預熱至180度C,放入步驟3烘烤30分鐘後取出。

5　用果汁機將冷凍火龍果打成泥狀,放進冰箱冷凍約1-2小時取出。

6　以冰淇淋挖球器取出火龍果雪酪,放在烤好的麵包布丁上即完成。

Before
你的冰箱常剩下什麼呢？

part
1
佐麵包的七彩濃醬與抹醬

part
2
用蔬果邊角做常備料理

part
3
用昨天晚餐做超時間料理

- Today's Menu -
簡易水果派

剩的食材
熟香蕉、
冷凍派皮

香蕉在室溫下是比較不耐放的水果，手邊若有熟香蕉但不知怎麼用的話，就把它做成點心內餡、包在酥酥的派皮裡，熟度足的香蕉既濃郁又香甜呢。加上軟芭樂一起烘烤，讓這道派點心更加清爽，還有著淡淡芭樂香氣。

- point -
還可以換成其他料！

除了香蕉和芭樂之外，還可換成以下食材來搭配組合，和家中的孩子一起想想哪些水果或食材當朋友會很搭，連配色也能一起考慮進去。

- ·熟香蕉 × 巧克力醬
- ·草莓 × 煉乳醬
- ·奇異果 × 楓糖

- ·水蜜桃 × 蜂蜜
- ·芒果 × 卡仕達醬
- ·酪梨 × 椰糖

香蕉芭樂醬風車派

Before
你的冰箱常剩下什麼呢？

part
1
住麵包的七彩濃湯與抹醬

part
2
用蔬果邊角做常備料理

part
3
用昨天晚餐做輕鬆料理

part
4
不剩食做超人早餐與點心

| 材料 |　　熟香蕉3根　　　　　冷凍派皮3張

軟芭樂1/2顆　　　　蛋液適量

檸檬汁10g

| 作法 |

1　將熟香蕉、軟芭樂、檸檬汁倒入果汁機或調理機
中打勻成醬，備用。

2　取出冷凍派皮，使用刀子將麵皮四角往內切約
6cm，再以同方向的方式將麵皮四角向內摺成風
車形狀。

派皮亦可用吐司取代。將吐司去邊擀平後，同風車派的作法，將四個角摺向中心後，用牙籤固定，在中間擠入餡料，入烤箱烘烤至金黃即可取出。

3   刷上蛋液，再將香蕉芭樂醬加在麵皮中央處。

4   放入預熱至200度C的烤箱中，烤約30分鐘取出。

Before
你的冰箱常剩下什麼呢？

part 1
佐麵包的七彩濃湯與抹醬

part 2
用蔬果邊角做常備料理

part 3
用昨天晚餐做趕時間料理

part 4
不剩食做超人早餐與點心

- Today's Menu -

溫烤水果

剩的食材

各種
水果、啤酒

把前一天吃不完的水果全切成丁，拿來做這道懶人點心，與水果風味的啤酒做搭配，不僅提味又能呈現成熟大人的風味，是一人吃或多人都適合的簡單點心，而且能運用四季的水果或罐頭水果來變化製作。

- point -

還可以換成其他料！

除了食譜中的酒類和水果之外，還可換成以下酒品來搭配組合，可依據每個不同時令水果搭配家中原有的風味酒，嘗試製作不同的大人口味。

・瑪薩拉酒　　　・白葡萄酒　　　　・水果利口酒

・蘭姆酒　　　　・各式水果風味啤酒　・卡魯哇咖啡酒

・雪莉酒　　　　・君度橙酒　　　　・冰酒

沙巴雍焗三色水果

Before
你的冰箱常剩下什麼呢？

part
1
佐麵包的七彩濃湯與抹醬

part
2
用蔬果邊角做常備料理

part
3
用昨天晚餐做趕時間料理

part
4
不剩食做超人早餐與點心

| 材料 |　　蛋黃4顆　　　　　　　木瓜1/4個

　　　　　　細砂糖4大匙　　　　　蘋果1/2個

　　　　　　水果啤酒4大匙　　　　奇異果1個

　　　　　　檸檬皮適量

| 作法 |

1　　將所有水果切成丁，備用。

2　　取一大碗，倒入蛋黃和細砂糖拌勻。

3　　移到爐上隔水加熱，並用攪拌器攪打至顏色稍
　　　稍轉淡。

4   加入水果啤酒，續打至呈濃稠狀，即成沙巴雍。

5   盛盤時，將沙巴雍淋在水果上，再用火槍火烤上
     色即完成。

Tips

有時間的話，建議先以酒和
砂糖混合水果丁，冷藏浸漬
半天，風味更佳。

Before

你的冰箱常剩下什麼呢？

part
1

佐麵包的七彩濃湯與抹醬

part
2

用蔬菜邊角做常備料理

part
3

用昨天晚餐做超時間料理

part
4

不剩食做超人早餐與點心

- Today's Menu -

克拉芙堤

剩的食材

柑橘類水果

每年冬季是柑橘類水果的產季，買過多或吃剩下的柑橘們蒐集起來，讓它們有新的料理可能。準備一只15cm鑄鐵鍋就能做，用甜美的奶蛋布丁包裹椪柑，酸甜滋味有著微妙的平衡度！對了，其他微酸的水果也能用來替換喔。

- point -

還可以換成其他料！

右頁食譜的椪柑可換成帶有點酸味的當季水果；若水果放到比較軟爛或採買數量太大無法消耗時，也可以榨成汁來取代食譜中橙汁的份量，若無的話，則可用牛奶或無糖豆漿取代。

· 芒果 × 芒果汁　　　· 水蜜桃 × 蜜桃汁

· 草莓 × 牛奶　　　　· 無花果 × 鳳梨汁

· 櫻桃 × 醃櫻桃汁　　· 覆盆子 × 蔓越莓汁

橙香椪柑克拉芙堤

Before
你的冰箱常剩下什麼呢？

part
1
佐麵包的七彩濃湯與抹醬

part
2
用蔬果邊角做常備料理

part
3
用昨天晚餐做超時間料理

part
4
不剩食做超人早餐與點心

| 材料 |　中筋麵粉80g　　　　椪柑1顆

　　　　　　牛奶100g　　　　　奶油少許

　　　　　　柳橙汁100g　　　　防潮糖粉適量

　　　　　　細砂糖60g　　　　　檸檬皮末少許

　　　　　　雞蛋2顆

| 作法 |

1　　先將烤箱預熱至200度C。

2　　取一大碗，倒入牛奶、柳橙汁、雞蛋、細砂糖、
　　　中筋麵粉一起拌勻後過篩。

Tips

1 一定要記得抹奶油於烤皿
上，以避免沾黏。

2 出爐後熱熱吃，或冷藏之
後再吃會有不同感受。

3　在烤盤上塗薄薄的奶油，取一半步驟2的麵糊倒入
　　烤盤中，排入椪柑。

4　最後將剩下的一半麵糊也倒入，以200度C烤30分
　　鐘後取出，撒上檸檬皮屑與防潮糖粉即完成。

Before
你的冰箱常剩下什麼呢？

part
1
佐麵包的七彩濃湯與抹醬

part
2
用蔬果邊角做常備料理

part
3
用昨天晚餐做課時間料理

part
4
不剩食做超人早餐與點心

剩的食材

根莖類蔬菜、燕麥片

- Today's Menu -
免模型少油餅乾

想為用不完的可可粉找個新朋友，做出不可思議口味的餅乾，因此翻找了冰箱，看到剩一些些的胡蘿蔔，就用它來做吧！醇香的可可能中和胡蘿蔔的土味，再混入一點燕麥，讓營養更升級，如果有討厭胡蘿蔔的孩子，一定要試試這款餅乾。

- point -

還可以換成其他料！

食譜中的燕麥除了增加營養價值外，還能增加口感，當然也可以視家裡材料狀況省略。而胡蘿蔔、可可粉若改為下列的組合搭配也能做出讓人驚豔的味道喔！

· 蘋果 × 全麥粉   · 堅果 × 洋蔥粉

· 香蕉 × 椰子粉   · 乾洋蔥粉 × 海苔粉

· 黑芝麻 × 黃豆粉   · 番茄乾 × 杏仁粉

胡蘿蔔燕麥可可餅

Before
你的冰箱常剩下什麼呢？

part 1
佐麵包的七彩濃湯與抹醬

part 2
用蔬果邊角做常備料理

part 3
用昨天晚餐做輕時間料理

part 4
不剩食做超人早餐與點心

| 材料 |　胡蘿蔔65g　　　　　低筋麵粉130g

　　　　　黑糖35g　　　　　可可粉20g

　　　　　鹽1/4茶匙　　　　小蘇打粉1/4小匙

　　　　　燕麥片60g

　　　　　無鹽奶油60g

| 作法 |

1　胡蘿蔔切塊，放入調理機中，打碎成泥狀，備用。

2　將黑糖、鹽、燕麥片均勻混合。

3　將所有粉類過篩後倒入，再加入奶油拌勻。

4 將步驟3的料分成一個個小球，大小依個人喜好。

5 將麵團擺入烤盤，每一個需預留間隔，再壓扁。

6 放入預熱至170度C的烤箱中，烤約20分鐘後取出。

Before
你的冰箱常剩下什麼呢？

part
1
佐麵包的七彩濃湯與抹醬

part
2
用蔬果邊角做常備料理

part
3
用昨天晚餐做隔時間料理

part
4
不剩食做超人早餐與點心

剩的食材

火腿、麵粉

- Today's Menu -

鹹味司康

把早餐常用的食材換一個新面貌，利用荷包蛋和火腿，亦可加入喜愛的蔬菜末，用一根叉子簡單拌合均勻成司康麵團。做好的麵團可以現烤，又或者多做一點放冰箱冷凍，要吃時再拿出來抹蛋液烘烤，是方便的家庭點心。

- point -

還可以換成其他料！

這道司康就是「清冰箱」的概念，可加入喜愛且已處理可直接食用的蔬菜末，自由組合成各種口味，做成吃巧又吃飽的填肚子點心。

・玉米粒	・熟馬鈴薯塊	・各式果乾
・胡蘿蔔碎	・熟培根丁	・起司
・熟南瓜塊	・甜椒	・油漬番茄
・熟地瓜塊	・熱狗	・毛豆
・花椰菜	・香腸	
・洋蔥	・青蔥	

荷包蛋火腿蔥花司康

Before
你的冰箱常剩下什麼呢？

part
1
佐麵包的七彩濃湯與抹醬

part
2
用蔬果邊角做常備料理

part
3
用昨天晚餐做超時閒料理

part
4
不剩食做超人早餐與點心

| 材料 |

雞蛋1顆　　　　　　　　細砂糖1大匙

牛奶60g　　　　　　　　荷包蛋2顆

中筋麵粉250g　　　　　火腿丁30g

無鋁泡打粉10g　　　　　蔥末適量

鹽1/4茶匙　　　　　　　蛋黃適量（抹表面）

無鹽奶油65g

| 作法 |

1　取一個碗，打散蛋液，和牛奶混合，備用。

2　另取一個大碗，將中筋麵粉、無鋁泡打粉一同混合過篩，加入鹽、細砂糖和奶油，迅速搓揉混合至完全滑順的狀態。

3　倒入步驟1，用叉子輕輕地將粉類與液體混合。

4　將荷包蛋切碎，與火腿丁、蔥末一起倒入步驟3，拌合成團。

5　若完成的麵團如果太過黏手，可覆上保鮮膜，放入冰箱冷藏約30小時後使用。

6　取出麵團，整形成厚約2cm長塊狀，用刮刀分割成6等份，表面抹上蛋汁。放入預熱至200度C的烤箱中，烤10-15分鐘取出待涼。

Before

你的冰箱常剩下什麼呢？

part
1

佐麵包的七彩濃湯與抹醬

part
2

用蔬菜邊角做常備料理

part
3

用昨天晚餐做超時間料理

part
4

不剩食做超人早餐與點心

剩的食材

豆漿、葉菜類

- Today's Menu -

少油版磅蛋糕

葉菜類也能做蛋糕喔，與冰箱剩下的豆漿一起攪打，做成健康且顏色天然的蛋糕，再放入香香甜甜的地瓜，讓口感風味都更好。茼蒿雖然是個性味道鮮明的傢伙，但有了其他配料的緣故，葉菜類的特有味道也變得溫潤了。

- point -

還可以換成其他料！

輕易就能從冰箱取得的蔬菜泥都是很好的替代食材，而且又是天然的色素，剛好與副食材的對比色交互搭配，甚至隔夜的咖哩鍋也可拿來運用，不論是視覺和營養都滿分！

- 菠菜泥 × 南瓜
- 花椰菜泥 × 地瓜
- 番茄泥 × 櫛瓜

- 南瓜泥 × 馬鈴薯
- 胡蘿蔔泥 × 蘆筍
- 咖哩醬 × 咖哩餡

茼蒿旅人蛋糕

Before
你的冰箱常剩下什麼呢？

part
1
佐麵包的七彩濃湯與抹醬

part
2
用蔬果邊角做常備料理

part
3
用昨天晚餐做鄉時間料理

part
4
不剩食做超人早餐與點心

| 材料 |　茼蒿葉80g　　　　　橄欖油60g

　　　　　蒸熟地瓜1條　　　　低筋麵粉130g

　　　　　雞蛋1顆　　　　　　無鋁泡打粉5g

　　　　　蔗糖60g

　　　　　豆漿150g

　　　　　註：請用長 12x 寬 5.5x 高 4.5cm 的紙模兩個

| 作法 |

1　備一滾水鍋，放入茼蒿葉汆燙，取出瀝乾水分；將蒸熟地瓜切塊，備用。

2　將燙過的茼蒿菜倒入果汁機或調理機中，加入豆漿攪打。

3　取一大碗，打入雞蛋，倒入蔗糖並攪打，倒入橄欖油混合。

4　接著加入過篩粉類拌勻。

5　將麵糊倒入紙模內，擺入地瓜塊。

6　放進預熱至180度C的烤箱中，烤約35分鐘至不沾黏即可取出。

1 豆漿可替換成牛奶或
   水代替。

2 蔗糖是為了添加蛋糕
   風味,亦可使用黑糖
   或二砂。

Before

你的冰箱常剩下什麼呢？

part 1

佐麵包的七彩濃湯與抹醬

part 2

用蔬果邊角做常備料理

part 3

用昨天晚餐做超時間料理

part 4

不剩食做超人早餐與點心

剩的食材

水果類、檸檬

- Today's Menu -

烤水果奶酥

有時買多了的蘋果要怎麼做變化呢？來嘗試這道製作不複雜、但口味卻讓人無比驚喜的濃郁點心吧！前置作業只要煮拌即可，再丟進烤箱後就不用管它了，出爐後就能享受蘋果與香料融合的溫潤滋味和迷人的酸甜感。

- point -

還可以換成其他料！

除了蘋果，還可換成以下水果來做不同口味。主要是味道帶酸的水果會很適合做這道甜點，吃起來就不覺得膩口。

- 鳳梨
- 櫻桃
- 蜜桃
- 覆盆子
- 西洋梨
- 草莓

奶酥烤香料蘋果

Before
你的冰箱常剩下什麼呢？

part
1
佐麵包的七彩濃湯與抹醬

part
2
用蔬果邊角做常備料理

part
3
用昨天晚餐做超時間料理

part
4
不剩食做超人早餐與點心

| 材料 |　蘋果3顆　　　　　奶油30g

細砂糖60g　　　　肉桂粉1/4小匙

檸檬汁1顆　　　　荳蔻粉1/4小匙

檸檬皮末1顆　　　香草莢半根

白酒100g

| 作法 |

1　取一大碗，倒入奶酥粒材料，用手拌勻成沙礫
　　狀，即為奶酥粒，備用。

2　蘋果去皮切片，與剩下材料一同在鍋中混合，
　　以小火煮至蘋果軟化即可。

[奶酥粒]

低筋麵粉100g

鹽一小搓

冰奶油50g

核桃碎30g

二砂50g

3　將步驟2的蘋果餡填入烤模內，撒上奶酥粒。

4　放入預熱至180度C的烤箱中，烤至奶酥上色即可取
　　出。

Before
你的冰箱常剩下什麼呢？

part 1
佐麵包的七彩濃湯與抹醬

part 2
用蔬果邊角做常備料理

part 3
用昨天晚餐做趕時間料理

part 4
不剩食做超人早餐與點心

- Today's Menu -

鹹味馬芬

剩的食材

南瓜、玉米

一般馬芬多是甜的口味，今天利用剩下的玉米和南瓜來做鹹口味馬芬，而且不用打電動打蛋器就可以完成，以下食譜的配方可做6個馬芬，當成早餐或是下午點心都非常適合。

- point -

還可以換成其他料！

鹹味馬芬其實就像縮小版的法式鹹蛋糕，巧妙地將冰箱內多餘的食材加以重新搭配變化，隨手就能做出家庭式的創意鹹味馬芬，以下食材的組合也很有趣喔。

· 地瓜丁 × 肉鬆　　　　· 花椰菜 × 火腿

· 櫛瓜丁 × 甜椒　　　　· 芋頭泥 × 油蔥酥

· 馬鈴薯丁 × 培根　　　· 胡蘿蔔丁 × 毛豆

南瓜玉米攪攪馬芬

Before
你的冰箱常剩下什麼呢？

part
1
佐麵包的七彩濃湯與抹醬

part
2
用蔬果邊角做常備料理

part
3
用昨天晚餐做趕時間料理

part
4
不剩食做超人早餐與點心

| 材料 |　　玉米粒50g　　　　　　鹽1/2小匙

　　　　　　南瓜丁100g　　　　　　雞蛋1顆

　　　　　　牛奶50g　　　　　　　低筋麵粉100g

　　　　　　發酵奶油60g　　　　　無鋁泡打粉1小匙

　　　　　　砂糖20g

| 作法 |

1　　將玉米粒的水分瀝乾，蒸熟南瓜丁，備用。

2　　將1/2的南瓜丁和牛奶倒入果汁機或調理機中打勻成南瓜牛奶。

3　　奶油放入大碗中，在室溫下回軟，加入砂糖鹽、打至鬆發狀。

4　　打散蛋，分2-3次加蛋液於步驟3中拌勻。

5　　待蛋液拌勻吸收後，加入步驟2的南瓜牛奶拌勻。

6　　將低筋麵粉、無鋁泡打粉一同過篩，倒入拌勻。

7　　加入1/3的南瓜丁、2/3的玉米粒拌勻。

8　　將步驟7填入擠花袋中，再擠入烤模。

9 將剩餘的南瓜丁、玉米粒撒在麵糊表面。

10 放入預熱至180度C的烤箱中，烤20-25分鐘即可取出。

樂食 Santé 06 ————————

不剩食的美味魔法：
食材保存變化與不浪費省錢料理

作者 ———————— 莊雅閔
主編 ———————— 蕭歆儀
特約攝影 ————— 王正毅
封面與內頁設計 —— megu
插畫 ———————— megu
行銷企劃 ————— 莊晏青
出版總監 ————— 黃文慧

社長 ———————— 郭重興
發行人兼出版總監 — 曾大福

出版者 —— 幸福文化出版社
發行 ——— 遠足文化事業股份有限公司
地址 ——— 231 新北市新店區民權路 108-2 號 9 樓
電話 ——— (02)2218-1417
傳真 ——— (02)2218-8057
電郵 ——— service@bookrep.com.tw
郵撥帳號 — 19504465
客服專線 — 0800-221-029
部落格 —— http://777walkers.blogspot.com/
網址 ——— http://www.bookrep.com.tw
法律顧問 — 華洋法律事務所 蘇文生律師

印製 ——— 凱林彩印股份有限公司
電話 ——— (02) 2794-5797
初版一刷 — 西元 2018 年 3 月

國家圖書館出版品預行編目 (CIP) 資料

不剩食的美味魔法 : 食材保存變化與不浪費省
錢料理 /
  莊雅閔著 . -- 初版 . -- 新北市 : 幸福文化，
2018.02
  面 ； 公分 . -- (Sante ; 6)
ISBN 978-986-95785-4-7(平裝)
1. 食譜

427.12   107001249